LES
CENT-UN
COIFFEURS
DE TOUS LES PAYS,

Ouvrage spécial

Écrite par Écosse..., Professeur,

AUTEUR DE LA MÉTHODE,
FONDATEUR DE L'ACADÉMIE DE COIFFURE,
BREVETÉ DU GOUVERNEMENT,

et de S. A. R.

ANNA DE JESUS MARIA,
INFANTE DE PORTUGAL.

QUATRIÈME ANNÉE.

ON SOUSCRIT A PARIS,
CHEZ L'ÉDITEUR, RUE DE L'ODÉON 33,
ET CHEZ LES LIBRAIRES DE TOUS LES PAYS,

La cinquième année comprendra les Costumes français, depuis Clovis jusqu'à nos jours, et
paraîtra le premier janvier 1841. La Collection complète coloriée des 5 années se vendra 50 fr.

1840.

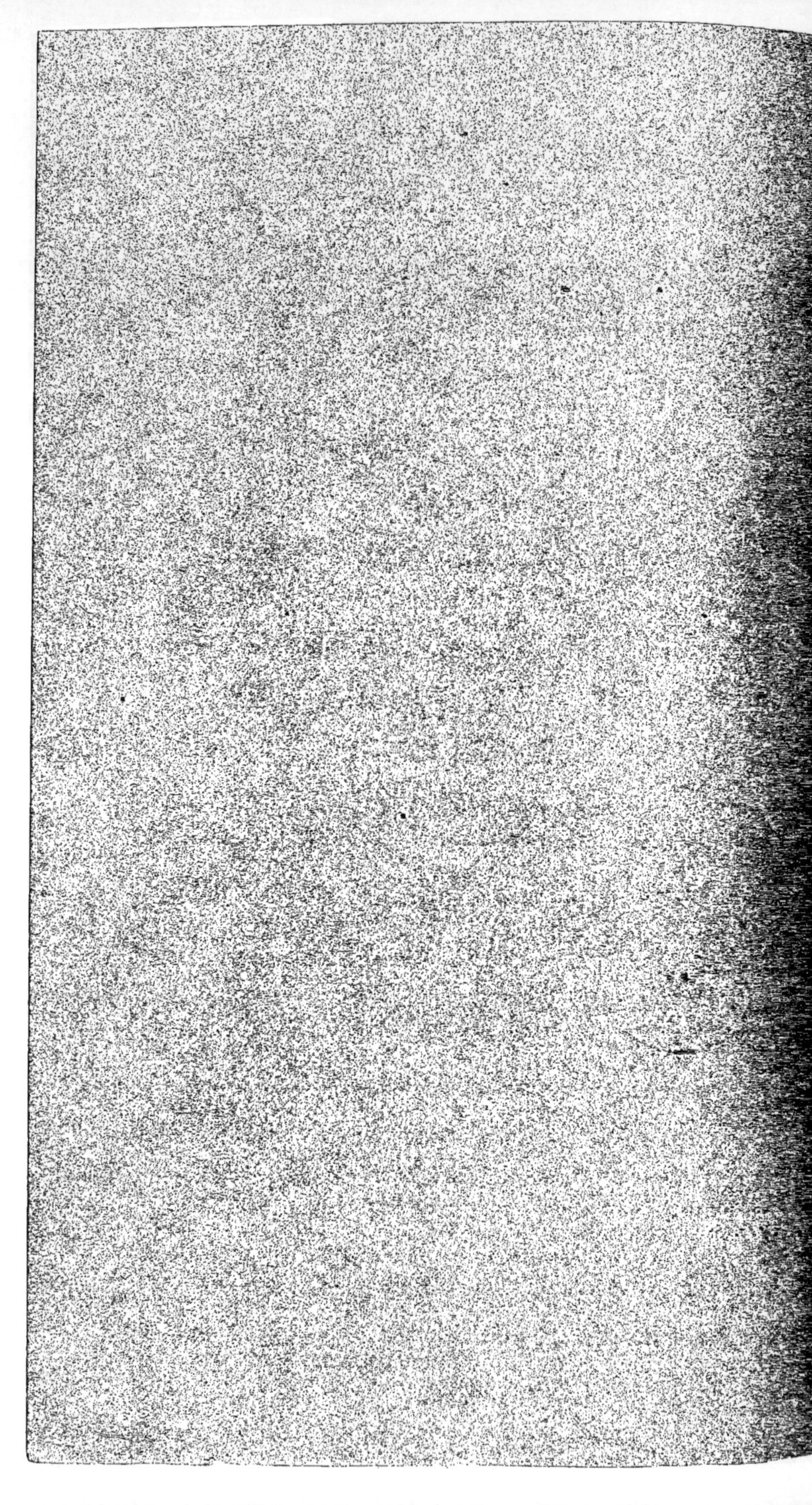

LES CENT-UN COIFFEURS

DE TOUS LES PAYS,

Ouvrage spécial

Fondé par Croisat, Professeur,

DE COIFFURE.

4e ANNÉE (1).

A MES CHERS COLLABORATEURS

ET A TOUS LES SOUSCRIPTEURS DU CENT-UN.

Lorsque dans ma vingt-cinquième livraison, j'eus le plaisir de vous adresser un mot, messieurs, je vous annonçai pour la troisième année l'histoire par articles détachés, de la coiffure et du costume. Cette entreprise si importante pour l'instruction de la couturière et du coiffeur, je l'ai commencée, et aujourd'hui j'ai le bonheur de vous offrir mon troisième article.

Le peu d'espace que je puis consacrer à cette grave matière, sera cause d'un peu de lenteur dans la publication; la multitude des genres est si considérable! mais qu'importe, que cela coûte du temps ou non, cet ouvrage pouvant être utile, puisqu'il est en mon pouvoir de le publier concurremment avec la mode du jour, des leçons de coiffure et de postiche, et d'accompagner mes articles historiques de dessins résumant tous les renseignements écrits, je dois le faire et je le ferai; n'ais-je pas d'ailleurs consacré tous mes efforts, toute mon existence à l'émancipation du coiffeur et du costumier?

Les recherches historiques chez les anciens peuples, ce terrain aride et dont on trouve la trace si difficilement, étant déjà presque traversé; sur le point d'arriver aux costumes du moyen-âge, nos lecteurs recevront désormais des détails qui les intéresseront davantage, et le beau parti qu'ils pourront en tirer, soit pour le théâtre, soit pour les bals travestis, soit même en les appliquant à la mode, sera pour moi la plus douce récompense qu'un homme puisse retirer de ses avantages.

---

(1) En vente les trois premières années, 1 fort volume broché, 21 francs; en cahier, 20 f. Le prix de l'abonnement reste fixé à 10 fr. par an pour Paris; 11 f. pour la province; 12 pour l'étranger.

MODES NOUVELLES.

EXPOSITION DE L'ACADÉMIE DE COIFFURE.

Déjà la renommée embouche la trompette pour aller proclamer sur toute la surface du globe la mode du jour, et à peine les dessins gothiques de Violard, (1) ce chef-d'œuvre de grace et de bon goût ont-ils été tracés par le burin d'un de nos meilleurs artistes en gravure ; à peine la coupe de ce charmant costume de mariée, (2) a-t-elle été aperçue de certaines grandes dames, ainsi que des couturières et coiffeurs qui ont visité le salon d'exposition de l'Académie de coiffure, que l'on dit partout à Paris, en province et à l'étranger : Il y a de nouveaux dessins de broderies en application française, il y a une nouvelle forme de berthe, un nouveau genre de sabots, et la pose des écharpes est totalement changée... Les ornements pour coiffures de bal ce sont les marabouts et les fleurs détachées comme les monte le fameux Chagot (3), et, à ces plumes follettes, on mêle les fleurs métalliques et les nouveaux bouquets de pierreries de Bourguignon, rue de la Paix. Par quel prestige cette mode s'est-elle ainsi répandue avant d'avoir, pour ainsi dire, vu le jour ? Je m'en vais vous expliquer l'énigme... c'est que l'Académie de coiffure a procédé à la création de sa mode en présence de tous ses membres assemblés, et les académiciens de province et de l'étranger, qui avaient été conviés à cette séance solennelle, étant retournés immédiatement chacun dans sa ville, il en est résulté que durant le cours de la quinzaine qu'a duré l'exposition à Paris, la mode était déjà répandue en province, que sera-ce donc lorsqu'on recevra la planche publiée dans le CENT-UN? Aussi l'Académie dans un élan de bonheur et de reconnaissance a-t-elle voté des remercîments pour les artistes qui ont concouru avec elle à la composition d'un modèle de costume de mariée, qui a le rare avantage d'être riche, plein de grace et de simplicité.

Ne voulant pas qu'on l'accuse de négliger les toilettes d'hommes, l'Académie a voulu offrir le modèle le plus convenable à suivre pour un marié. Ici on remarquera que de petits sous-de-pied maintiennent le pantalon tendu sur un bas noir à jour ayant un *par-dessous* rose, l'habit juste-au-corps a le col de forme anglaise, et, quoique ledit col soit bas et les manches fort justes, les basques n'en ont pas moins une ampleur convenable qui sied mieux que les pans effilés. Quant à la coiffure, ainsi que l'explique la gravure, les cheveux sont de moyenne longueur et roulés en dessous, et le chapeau diffère de ceux de la saison passée, en ce que la forme est un peu conique au lieu d'être évasée.

Nous reviendrons sur le costume de la mariée, pour faire remarquer une innovation dans le bouquet de côté. L'Académie, s'étant aperçue que la quantité d'épingles qui est nécessaire pour l'assujétir sur le corsage, un bouquet touffu pouvait occasionner du dégat, et ayant aussi remarqué qu'un bouquet volumineux obstruait la taille tout en gênant les mouvements du bras gauche, elle a décidé qu'on ne mettrait désormais qu'une branche légère de fleur d'oranger ou une petite rose blanche dont la tige sera dissimulée par une broche ou un léger nœud de ruban blanc.

(1) Rue Choiseul, 2 bis.
(2) Façon de Madame Ghys, rue du Helder, 15.
(3) Rue de Richelieu, 81.

MODE

Genre Nouveau

Adopté par l'Académie de Coiffure

Costume de Mariée brodé par Viclard, rue de Choiseuil, 2.
Façon de Robe de Mme Ghys, rue du Helder, 15.
Costume de cérémonie. Coiffure mi-longue bouclée en dessous.

LES CENT UN

On souscrit à la Direction, rue de l'Odéon, 33.
à Paris.

24 Planches en 12 Livraisons avec texte, Prix par an : Paris, 10f. Province, 11f. Etranger 12f.

Novembre ayant vu le soleil dorer pendant quelques jours notre capitale, on a pu remarquer dans nos promenades plus de châles que de manteaux et de *Bournous* : le châle cachemire à fond noir, ce châle classique sur lequel presque tous les dessins se détachent, cette partie essentielle d'une corbeille de mariage a fait les honneurs des toilettes de jeunes femmes qui sont allées jouir aux Tuileries des derniers rayons du soleil. A ces réunions fashionables, nous avons pu nous convaincre que les chapeaux de velours, de couleurs foncées, seront bien portés et que la plume d'autruche teinte de la couleur du velours est un ornement digne de la meilleure société. Que dire des robes, qu'elles continuent à former le V sur la poitrine, et qu'on les dépouille de leurs volans pour les garnir d'une large bande de marthe, de cigne ou de chinchilla, façonnée à la manière de M. Ultzmann, rue de l'Odéon, breveté des Menus plaisirs du roi.

Les turbans, aussi découverts que les bonnets, qu'ils soient faits par le coiffeur ou bien par la modiste, ils ont toujours des barbes qui flottent de chaque côté de la tête, leurs fonds ont si peu de profondeur qu'on est obligé de resserrer la chevelure autant que possible afin de pouvoir les faire tenir sur la tête.

DESCRIPTION DES COIFFURES.

N. 1. — Turban *coudé* ; par **CROISAT**.

Ce turban se fait en deux opérations ; la première consiste dans l'arrangement des cheveux et la deuxième dans la pose du chiffon. Par derrière, la chevelure tordue assez bas forme un chou serré et rond, par devant, les cheveux sont lisses et ramenés près des oreilles, ils forment des tresses qu'on retrousse en avant pour encadrer le visage, couronner le sommet et préparer, pour ainsi dire, un lit au turban ; après cela, on prend son écharpe, on la fixe sur le côté droit de la tête, laissant flotter un pan de douze à quinze pouces et l'on forme sa calotte en allant attacher l'écharpe du côté opposé. Le fond de sa coiffure étant ainsi préparé, on tord l'écharpe et on la pose sur la tresse ainsi qu'il suit : on passe d'abord, sous l'oreille gauche, ensuite on couronne la tête, puis, on passe sous l'oreille droite en soulevant l'effilé, et l'on termine par une courbe qui garnit le derrière de la tête et fournit le deuxième effilé qu'on aperçoit au-dessus du premier. Pour cette coiffure, si l'écharpe est brodée, un fond de couleur est nécessaire pour faire détacher les ramages.

N. 2. — Coiffure par M. **ROUSSEL**, rue Albouy, n. 2.

Devant : On tresse les cheveux en trois et l'on courbe les tresses de derrière en forme de cornes de bélier. Si la femme a peu de cheveux, on en ajoute de postiches et cela en passant une mèche dans la monture de la tresse ; cette mèche, tressée avec d'autres tenant à la tête, bien tournée et tordue avec une épingle, offre autant de solidité qu'un crochet sans en avoir les inconvénients. Quant au derrière de la tête, après avoir noué les cheveux sur la nuque, on forme trois tresses en cinq, et, de celle du milieu on en fait une belle coque ; les deux autres, on les croise et leurs bouts sont employés autour du chou. Le cache-peigne se fixe au milieu des tresses, toutefois, après que les coques sont terminées. Quant à la guirlande, longue de vingt-cinq pouces, cette parure champêtre se pose sur l'oreille gauche, et puis elle s'en va en arrière, serpenter par-dessus le chou sans obstruer les boucles du ca-che-peigne qui doivent flotter librement. Cette explication doit suffire à tout coiffeur qui a quelque idée de son état, mais à l'homme privé de goût, de tac ou d'intelligence, ni la *méthode de Croisat*, ni *l'Encyclopédie*, ni même les leçons claires et précises du *Cent-Un* ne sauraient le rendre habile et l'on pourra dire de lui (parodiant une satyre) ce que Boileau a dit des mauvais poètes :

> C'est en vain qu'au boudoir un impudent coiffeur
> Veut de l'art de friser atteindre la hauteur,
> S'il ne ressent du goût l'influence secrète,
> S'il ne fut pas créé pour l'art de la toilette,
> Dans son génie étroit il est toujours captif ;
> Pour lui le peigne est lourd et le cheveu rétif.

Roussel.

N. 3. — Coiffure par M. **MICHEL ADOLPHE**, Membre de l'Académie, rue de la Feuillade, n. 4.

Cette coiffure en contient deux, et cela parce que le chiffon qui avance sur le devant de la tête n'est là que pour accompagner la figure et faire cadrer, dans certains cas, la chevelure arrangée, pour ainsi dire, au masses flottantes. Il est aisé de voir que si le visage est rond la pose du turban l'allongera et lui donnera de l'élégance ; et que s'il est long, le double rang de tresses qui garnissent les tempes ainsi que les coques posées par derrière, à la même hauteur, devront l'accompagner divinement.

N. 4. — Turban par **LARVOR**, rue Mauconseil.

La forme de ce turban ressemble, en quelque sorte, à celle du turban *coudé*, mais comme il y a de la différence dans l'exécution, nous allons le décrire.

Après avoir préparé ses cheveux et formé des bandeaux bombés, on couvre le sommet de la tête avec son étoffe qu'on réunit au-dessus de l'oreille gauche, c'est là le point de départ de la torsade, et c'est en se dirigeant par le derrière de la tête qu'on parvient à garnir la tempe droite, à couronner le devant et qu'on obtient ce laissé-aller de l'écharpe qui termine la coiffure sur le côté gauche

N. 5 et 5 *bis*. — Coiffure par M. **NOUGARET**, place de la Platrière, à Lyon.

Ma coiffure est une variante faite sur le type de la renaissance : elle se fait sans nouer les cheveux, et le rouleau qu'on introduit sur le derrière de la tête va se perdre sur la tempe gauche où il fournit une masse d'accompagnement.

N. 6. — Coiffure par M. **BÉJOT**, à Dax.

Le rouleau de ma coiffure ressemble parfaitement à une vipère, pour le faire, il faut avoir une tête de serpent en cuivre creux ou bien en carton : cette matière est plus commode parce qu'on peut l'établir soi-même. Ayant une tête et une queue dorées, le coiffeur les ajuste sur un long rouleau garni à l'intérieur d'un fil de fer, et pour exécuter la coiffure, il pose son oiseau de paradis, il en entoure le col avec la queue du serpent par un ou deux tours, et puis il dirige le plus épais du rouleau en arrière, pour aller former les autres ondulations qu'on traverse avec un poignard. Cette coiffure a fait les délices l'an passé à Dax au bal de M. Delaneville. Les touffes fortement crépées donnent de la douceur à la physionomie.

Des poignards ajustés sur des petits peignes, et fixés dans les touffes, s'harmonisent avec le serpent qui, par sa nature appelle des ornements d'or par devant. J'oubliais de dire que le serpent produit un fort bel effet, entouré d'une petite chaine d'or.

HISTOIRE DE LA COIFFURE ET DU COSTUME

DEPUIS L'ANTIQUITÉ JUSQU'A NOS JOURS.

TROISIÈME ARTICLE. — MÈDES, ASSYRIENS, SYRIENS ET PERSES.

Dans notre premier article concernant le costume des anciens habitants de l'Egypte, nous nous sommes arrêtés à la conquête de ce royaume par Auguste, et à sa réunion au vaste Empire Romain. Nous avions alors l'intention de diviser notre travail en deux parties distinctes : l'histoire des costumes de l'antiquité, et celles des costumes modernes ; mais depuis, réfléchissant qu'une semblable marche pourrait, en partageant l'attention du lecteur, jeter dans son esprit des doutes et de la confusion, nous en avons adopté un autre qui nous paraît plus logique et plus propre à donner des notions claires et précises. Dorénavant nous tracerons dans un ou deux articles, suivant l'abondance des matières, l'histoire générale et complète du costume de chaque peuple, depuis son origine jusqu'à nos jours ; de cette manière nos lecteurs pourront sans peine établir un parallèle entre l'ancien costume de chaque peuple et celui qu'il porte présentement ; et nous rentrerons ainsi dans le but et le titre de cet ouvrage.

§ 1. MÈDES — Le faste et la mollesse caractérisaient les Mèdes. Les hommes et les femmes se fardaient le visage, se peignaient les cils et les sourcils, et portaient des cheveux postiches. Le postiche ne devait couvrir que le derrière de la tête, comme ce que nous appelons une Ninon, car les tempes sont entièrement dégarnies et l'on ne voit s'échapper de dessous la mitre qu'une masse de boucles en désordre. Les vêtements de ce peuple n'étaient pas uniformes, tantôt ils portaient des robes excessivement larges et traînantes, tantôt ils n'avaient qu'une courte tunique qui ne descendait pas plus bas que le genou ; dans le premier cas, ils portaient des bas de lin ou de coton qui remontaient jusqu'aux cuisses ; dans le second ces bas étaient remplacés par de larges caleçons qui descendaient jusqu'aux pieds. Pardessus ces vêtements, qui dans leur ensemble ne manquaient ni de grace ni d'élégance, ils plaçaient un petit manteau nommé Candis qui avait beaucoup de ressemblance avec le Sugum romain, et que chacun arrangeait à sa manière. La couleur de leurs vêtements était arbitraire, mais ils préféraient généralement les étoffes brillantes et lustrées. Leur chaussure était une sorte de brodequins, de cuir pour les pauvres, de fourrures ou d'étoffes précieuses pour les riches.

Le costume de leurs femmes était exactement semblable à celui des Persanes dont nous parlerons plus loin ; nous ne nous arrêterons donc pas à le décrire afin d'éviter les lenteurs et les répétitions ; nous dirons seulement qu'elles étalaient un luxe écrasant, et qu'elles portaient une profusion de bracelets, de bagues, de colliers et d'ornements de toute espèce.

La coiffure des Mèdes était la mitre, dont nous donnerons la description en parlant des Perses ; elle avait seulement cela de particulier qu'elle était légèrement recourbée en avant comme le bonnet ou Corno Phyrgien.

§ II. ASSYRIENS, SYRIENS. —Les Assyriens et les habitants de Babylone, qui était avec Ninive la principale ville du royaume, étaient un des peuples les plus richement dotés de la nature ; ils étaient grands, bienfaits, d'une belle physionomie, la province qu'ils habitaient, et qu'on nomme aujourd'hui Curdistan, était riche, fertile et fournissait abondamment à leur goût immodéré pour le luxe et les plaisirs.

L'histoire nous apprend que par ordre de Sémiramis les Assyriens portaient le même costume qne les Mèdes : nous n'entrerons donc pas dans de grands détails à cet égard, et nous nous contenterons d'en tracer une rapide esquisse.

La statue du roi Sardanaple dont Winkelmann fait la description dans ses monuments de l'antiquité, peut donner une exacte idée du costume des Assyriens sous le règne de ce prince (av. J.-C. 750). Il est revêtu d'une robe fort ample et si longue qu'elle couvre entièrement les pieds; les manches sont larges, s'arrêtent au coude et laissent apercevoir d'autres manches plus étroites et appartenant, sans doute, à une seconde tunique placée sous la première. Un vaste manteau enveloppe presqu'entièrement le monarque ; un de ses pans est recroisé, et, partant de dessous le bras droit, va recouvrir l'épaule et le bras gauches, à la manière des manteaux romains.

Le costume des Babyloniens différait un peu de celui que nous venons de décrire ; il consistait en deux tuniques d'inégales grandeurs : celle de dessous, était de lin et descendait jusqu'aux pieds; la seconde était de laine et s'arrêtait au genou. Pardessus ces deux tuniques ou robes, ils mettaient un petit manteau nommé *Clanidion.* Leur chevelure, comme celle des Assyriens, était longue et flottante ; ils avaient pour coiffure la mître et la tiare, mais cette dernière était généralement réservée aux rois et aux grands de l'état. Chaque Babylonien avait un anneau où était son cachet, et devait porter à la main une sorte de canne terminée par un signe caractéristique, tel qu'un fruit, une fleur, un animal. La chaussure la plus usitée chez les Assyriens et les Babyloniens était une espèce de brodequin ou de cothurne.

Quant aux Assyriens, nous ne pouvons que répéter ce que nous avons dit en parlant des femmes Mèdes, que leur costume avait avec celui des femmes Perses une exacte ressemblance, il serait donc superflu d'en parler ici.

Les historiens gardent le plus profond silence sur le costume des Syriens, mais il est probable qu'il ne différait en rien de celui des Assyriens leurs voisis, avec lesquels on les a même très souvent confondus.

§ III. Perses. — Si l'on en excepte les Grecs et les Hébreux, tous les autres peuples de l'Orient regardaient comme une chose honteuse de montrer à nu quelques parties du corps ; aussi les voit-on sans cesse couverts de vêtements qui les enveloppent presqu'entièrement. Les anciens Perses passaient pour être les plus stricts observateurs de cette espèce de préjugé, et c'est là surtout ce qui les empêcha de faire de grands progrès dans la peinture et la sculpture. Tous les historiens s'accordent à dire que les Perses étaient courageux, bons soldats, allant gaiement au combat et capables de déployer la plus grande énergie dans les circonstances difficiles ; ils étaient en général beaux, d'une taille avantageuse, et méprisaient les hommes de petite stature; ils n'étaient pas moins remarquables par leur urbanité, leurs bons procédés et la facilité de leur caractère ; ils aimaient les sciences, surtout l'astronomie, la médecine et en première ligne, la jurisprudence; mais ils n'avaient aucun goût pour les arts libéraux et moins encore pour les arts mécaniques.

Dans l'origine ce peuple était aussi simple, aussi austère dans ses goûts et dans ses vêtements qu'il fut depuis fastueux et efféminé. Sous ses premiers rois, sous le règne même d'Astyages (568 avant J.-C.) et pendant les premières années de celui de Cyrus, des légumes et du cresson lui suffisaient, et son costume ne consistait que dans une étroite tunique de peau et dans de larges caleçons de la même étoffe : mais quand Cyrus eût conquis la Médie (538 av. J.-C.), il adopta pour son usage personnel et fit adopter aux siens, les vêtements flottants et voluptueux des vaincus, tant parcequ'ils déguisaient les difformités du corps, que parce qu'ils grandissaient la taille, immense avantage à ses yeux: ce fut sans doute pour couronner avec majesté leur nouveau costume que les

Perses prirent le turban des Hébreux lorsqu'ils eurent vaincu cette nation. C'est aussi à peu près à cette époque que les Perses adoptaient les belles et précieuses pantouffles de fourrure dont parle Pollux ; chaussure qui fut adoptée plus tard par les courtisanes de la Grèce ainsi que par tous les personnages riches de toutes les contrées de l'Orient. A partir de cette époque jusqu'à la destruction de l'empire par Alexandre (330 avant J.-C.) et même postérieurement, ce costume n'a pas varié ; chacun sait, du reste, que ce peuple n'a jamais été soumis à la mode et que ses caprices ne se sont jamais introduits chez lui : cette constance dans les usages et les habillements, caractérise les Orientaux.

Les rois perses étaient vêtus avec une somptuosité extraordinaire, ils avaient tous un sceptre d'or ; leur trône était étincelant d'or et de rubis. Le beau tableau de Lebrun, représentant la bataille d'Arbelles d'après Quinte-Curce, peut nous donner une idée de cette magnificence des monarques persans. Darius est sur un char, où l'or, l'argent et l'ivoire billent de toutes parts : les roues sont d'argent, les marches qui conduisent au trône sont d'ivoire ; les rênes des coursiers sont dorées ; sur le timon s'élève un aigle d'or massif, aux ailes déployées ; Darius est assis sur un trône dont le dossier élevé le protége contre toute aggression imprévue ; son front est ceint d'une couronne radiale ; ses cheveux, que ne couvre aucune coiffure, sont longs et flottent au gré des vents ; son manteau de pourpre assujéti à l'épaule gauche, laisse voir la riche tunique dont il est vêtu, et dont les manches sont fixées autour des poignets avec de précieuses bandelettes ; ses jambes sont couvertes de longs caleçons terminés par des sandales ; une large ceinture brodée serre la tunique autour du corps. Aucune des parties de ce costume n'est contraire aux données de l'histoire. Lebrun est celui de nos peintres qui s'y conforme avec le plus d'exactitude.

Les historiens ne parlent pas de la barbe des Perses ; nous voyons cependant d'après les divers monuments qui nous restent d'eux, qu'ils la portaient longue et touffue, mais ils paraîtrait qu'il n'en était déjà plus de même lors de la conquête d'Alexandre (330. avant J.-C.), car ce monarque enjoignait à ses soldats de raser leur barbe, qu'ils portaient fort longue, afin de ne pas donner prise à l'ennemi. Quant à leur chevelure, on ne sait à quoi s'en tenir à cet égard, car on les voit tantôt avec des cheveux courts, tantôt avec des cheveux flottant sur les épaules ; nous en concluons que chacun les portait comme bon lui semblait.

Si les vêtements des Perses avaient une uniformité générale, on n'en peut pas dire autant de leur coiffure ; chez aucun autre peuple elle ne fut plus variable. Avant le règne de Cyrus ils en avaient déjà plusieurs genres, les uns portaient le Calathus sorte de bonnet rond semblable au mortier de nos magistrats, surmonté d'une couronne murale ; d'autres une calotte ceinte autour de la tête d'un double rang de festons découpés en forme de feuilles de lauriers ; une coiffure bien plus singulière encore, était une espèce d'œuf enchassé dans un tour de tête festonné ; d'autres fois enfin, c'était un bonnet conique, sorte de mître, divisée par bandes dans sa hauteur. A partir du règne de Cyrus, on ne vit plus, en général, que deux sortes de bonnets, la mitre et la tiare, qu'on a souvent confondues, mais qui pourtant sont bien différentes l'une de l'autre, puisque la mitre est pointue, en forme de pain de sucre, et la tiare ronde et cylindrique comme une tour, aussi large par le haut que par le bas ; l'une et l'autre étaient garnies de *fanons* ou bandes d'étoffe qui flottaient sur le dos. La mître était la coiffure la plus commune ; quant à la tiare, elle était en quelque sorte réservée aux rois, encore ne la portaient-ils que lors des solennités, car elle était excessivement lourde et incommode. Ces coiffures étaient d'or, d'argent, de cuivre, de fer ou d'étoffe, suivant la richesse et le rang ; leur usage disparut peu à peu, et sous le règne d'Assuérus (500 avant J.-C.), le turban avait été presque généralement adopté.

Ces turbans, dont la forme et le caractère ressemblaient à ceux des anciens patriarches, étaient ordinairement faits d'une longue et large bande d'étoffe, plus ou moins fine, dont on s'entourait quinze ou vingt fois la tête ; on les ornaient d'agraffes et d'aigrettes, et pour les rendre plus voyants on les composaient d'étoffes de couleurs différentes. Les mages ou prêtres persans, furent à peu près les seuls qui, jusqu'à la destruction du premier empire conservèrent la mître.

(La suite au prochain numéro.)

ANNONCES.

IMPRIMERIE DE MOESSARD ET JOUSSET, RUE FURSTEMBERG, 8.

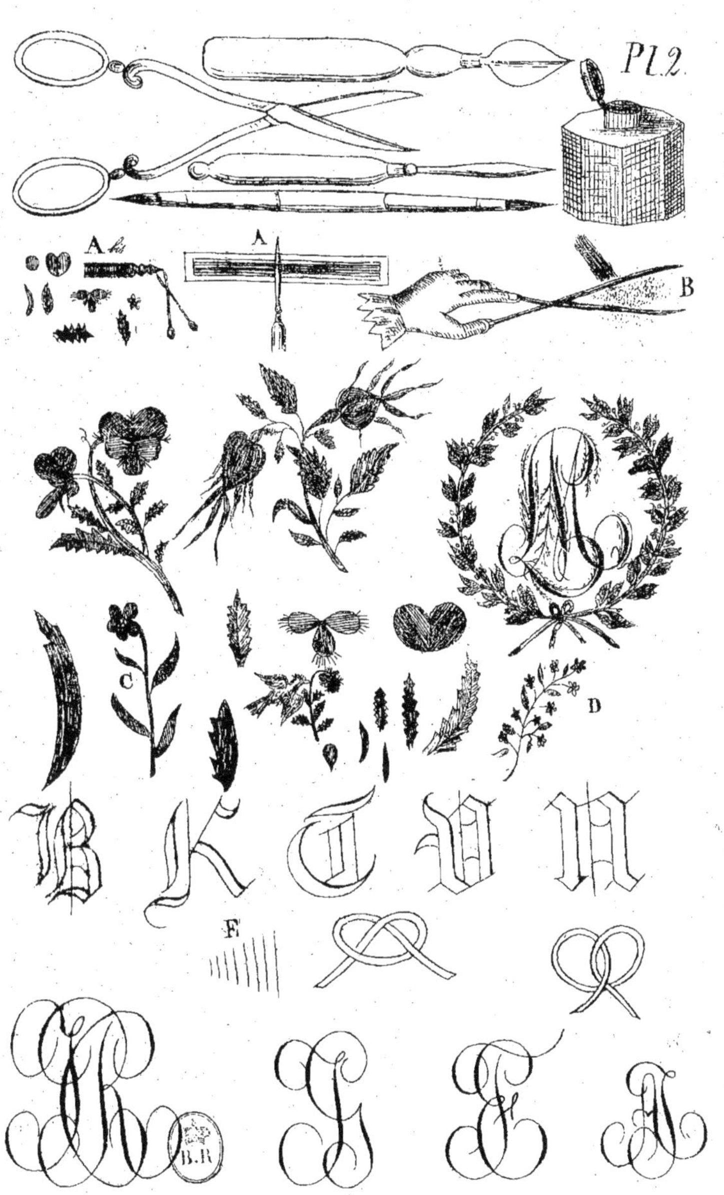
Pl. 2
A
A
B
C
D
F
B.R

38ᵉ LIVRAISON.

HISTOIRE DE LA COIFFURE ET DU COSTUME

DEPUIS L'ANTIQUITÉ JUSQU'A NOS JOURS.

FIN DE L'ARTICLE. — SUS LES PERSES.

Le costume des femmes n'était pas moins fastueux que celui des hommes ; on peut en prendre une idée exacte dans le tableau de Lebrun représentant la famille de Darius dans la tente d'Alexandre, après la bataille d'Arbelles. La reine Sisygambis est vêtue d'un ample manteau qu'enrichissent des broderies et des glands d'or, et qu'une agraffe assujétit sur l'épaule droite. Sous ce manteau, d'une rare beauté, et dont les plis sont vastes et pleins de grace, la reine porte deux robes ou tuniques ; celle de dessous a de longues manches étroites serrées autour de l'avant-bras avec des bandelettes brodées ; les manches de la seconde s'arrètent au coude et ont l'ampleur des manches dites *pagodes*, un voile brodé et posé à plat sur la tète, la couvre entièrement et descend jusqu'aux pieds. La posture de la reine ne permet pas de distinguer la longueur des tuniques. En général, la première descendait jusqu'à terre, et la seconde s'arrètait au genou comme celles de Sardonapal ; on les serrait toutes deux autour des reins avec de larges ceintures ; celle de dessus était ouverte sur la poitrine comme le sont aujourd'hui les robes à cœur, et, de même que celles-ci laissent apercevoir la chemisette, cette tunique laissait apercevoir le vêtement du dessous, qui n'était, en quelque sorte, qu'une chemise très-fine et brodée.

Les femmes qui sont groupées autour de la reine, dans le tableau que nous venons de citer, nous donnent une idée très-précise des divers genres de coiffure des Persanes de cette époque.

L'une de ces femmes est en cheveux : ceux-ci ramenés en arrière en bandeaux droits et nattés à partir des oreilles, sont noués sur le bas de la fossette où ils forment plusieurs tresses qu'on y laisse flotter. Une bande d'étoffe entoure la tète et une autre bande, mais plus large, la couronne en travers, absolument comme dans presque toutes les coiffures des jeunes femmes de la Judée. On remarque une certaine recherche dans la composition du devant de cette coiffure et les petits crochets qui décorent le devant du front témoignent du goût raffiné des femmes dans ces temps éloignés.

Une seconde a la tète couverte d'une résille qui enveloppe tous les cheveux et ne laisse échapper en dessous que quelques mèches frisées tombant sur le dos. Cette résille, entourée d'une bande d'étoffe, était la coiffure des femmes du peuple et des esclaves.

Une princesse de la suite de Sisygambis est coiffée d'un diadème de métal caché au pied par la bandelette *nationale* (1). Ce diadème, accompagné d'un voile posé à plat sur la tète, comme le posaient plus tard les matronnes romaines, laisse apercevoir des mèches de cheveux frisées en désordre, retombant sur les tempes. Ces mèches sont frisées largement et dans le sens opposé à nos tire-bouchons ordinaires.

(1) Cette bandelette d'étoffe employée dans presque toutes les coiffures, avait de trois à quatre pouces de largeur.

NOUVEL EMPIRE PERSAN.

SUITE.

La bataille d'Arbelles, et la mort de l'infortuné Darius mirent fin au premier empire des Perses dont les vastes et belles provinces furent réunies à la monarchie macédonienne ; mais cet état de choses ne dura pas longtemps : Alexandre mourut, ses généraux se disputèrent ses conquêtes, de là, des guerres interminables et de nombreuses révolutions; les vaincus en profitèrent, les Perses secouèrent le joug du vainqueur et l'on vit surgir un nouvel empire, tel que nous le connaissons aujourd'hui.

Si, comme on le dit, la prudence d'une nation consiste dans la stabilité de ses coutumes et de son costume, les Perses modernes doivent être doués d'une rare prudence, car leurs vêtemens ne subissent jamais d'altération, et l'on montre encore dans les trésors d'Ispahan des habits du temps de Tamerlan qui sont exactement semblables à ceux de nos jours. La différence qui existe entre ces habits et ceux des Perses anciens, n'est pas non plus très grande, on peut dire cependant qu'en général, ils sont plus étroits, plus collants, nous allons décrire quelques-uns des types qui les caractérisent.

Les grands et les riches portent généralement des pantalons légers et larges comme les *Anaxyrides* des premiers Perses, et qui se renferment dans des pantoufles de couleur à talons très élevés, assez semblables aux mules qu'on portait en France sous le règne de Louis XV; une grande tunique, sorte de robe de chambre toute chamarrée de dessins d'or les couvre presque entièrement. Cette tunique, ouverte sur la poitrine, laisse apercevoir un vêtement de dessous, sorte de chemise fine et sans col, ordinairement brodée avec élégance; ils portent ordinairement un collier auquel ils supendent un riche médaillon.

Le plus souvent la coiffure se compose d'une sorte de bonnet phrygien fait d'une pièce d'étoffe de couleur, et orné d'un galon d'or; ce bonnet, un peu recourbé en arrière, est ceint au tour du front avec une longe bande d'étoffe de quatre à six pouces de largeur, et qui, roulée plusieurs fois autour de la tête, forme un bourrelet de turban, qui ne couvre cependant pas la naissance des cheveux par derrière; leur tête est rasée, à l'exception de l'occiput qui est garni d'une longue mèche de cheveux.

La barbe (1) d'un noir naturel ou emprunté, est taillée de manière à imiter le cimeterre ou le croissant; elle est peignée en descendant et coupée carrément sous le menton; vue de profil, le poil du favori représente trois crochets recourbés en arrière, et par le bas, la barbe suit exactement le contour du mastère; les moustaches applaties sur les lèvres forment de longs crocs, qui ajoutent à la sévérité de leur physionomie, barbe et moustaches, tout est lissé au moyen d'une pâte fixante et de couleur noire semblable à nos bâtons fixateurs.

Les militaires ont une coiffure et un costume fort commodes; ils portent une sorte de redingotte juste au corps, serrée autour du corps avec une large ceinture qui soutient leurs armes; ils ont une casquette d'étoffe formant une vi-

---

(1) L'art du barbier est en grand honneur chez les Perses, ils rasent avec une admirable légèreté et ne font jamais usage de savon, ils se contentent d'humecter leurs mains et d'en frotter longtems la tête et le visage, jamais non plus ils ne se servent de linge pour essuyer leur rasoir, ils l'essuyent sur la partie qui est à raser. La coutume veut que chaque matin ils aillent présenter le miroir à leurs clients, corvée de pure complaisance et nullement rétribuée.

sière sur le front, et qui est ornée sur le côté d'une plume de moyenne grandeur ou d'une aigrette, quelquefois cette casquette est entourée d'une bande d'étoffe qui rappelle le turban; les soldats se rasent le menton et ne gardent que les moustaches dont la longeur est ordinairement formidable.

Les seigneurs et les jeunes fashionables de la Perse sont les seuls qui aient sû tirer un parti avantageux du turban, ils emploient pour le faire, la soie, la mousseline ou des schâles cachemires, ils savent toujours, en croisant les masses sur le front et en penchant la coiffure sur le côté obtenir quelque chose de gracieux. Les extrémités des étoffes dont ils se servent sont garnies d'effilés longs de cinq à six lignes, dont on fait en les nouant une aigrette sur le côté de la tête, ou bien encore au milieu du turban. Les voyageurs et les gens de la campagne portent une sorte de chapeau à larges bords relevés d'un côté comme ceux qu'on portait en France sous Louis XIII ; les cavaliers s'enveloppent d'un ample manteau semblable au burnous des Arabes et qui ne laisse guère voir que les yeux. Les prêtres et les magistrats et généralement tous les personnages graves ont conservé l'antique turban du temps d'Assuérus.

Le vêtement des femmes diffère peu de celui des hommes ; leurs robes ou tuniques ont ordinairement la taille courte comme celles des françaises sous l'empire; elles ont beaucoup de raideur et cela provient de ce que la jupe taillée en pointe a beaucoup d'apprêt et ressemble à une cloche. Elles portent un turban semblable à celui des jeunes élégants, seulement la tête n'étant pas rasée, les cheveux de devant forment des bandeaux plats qui garnissent le dessous du bourrelet; elles portent sur le front un médaillon ou bijou suspendu par un fil d'or au turban ; dans certaines provinces, elles ont conservé le *nazem* des Israélites ; elles ont une profusion de boucles d'oreilles, de bracelets, et des colliers de perles ou d'or qui supportent une boite d'or percée à jour et remplie d'un précieux parfum.

Le voile joue un grand rôle en Perse ; dans leur intérieur les femmes riches en portent un parsemé d'or et posé à plat sur la tête comme les dames espagnoles, mais qui ne laisse apercevoir que le bandeau des cheveux ; la tiare se montre quelquefois encore, mais un peu conique et inclinée en arrière ; les suivantes et les femmes du peuple portent des voiles qui leur couvrent le visage, espèce de capuchon qui tient au corsage de la robe comme les dominos. Lorsque les femmes vont en ville elles portent jusqu'à quatre voiles qui les enveloppent entièrement, l'un deux a un réscau à la hauteur des yeux pour leur permettre de distinguer les objets extérieurs. Leurs cheveux sont arrangés avec une grande simplicité, sont lissés sur le devant de la tête, ramenés en arrière et ils tombent en nattes sur la poitrine et le dos; la longueur d'une chevelure en fait la beauté, les nattes doivent tomber jusqu'aux talons, autrement on y attache des tresses de soie, dont les extrémités sont ornées de perles ou bijoux d'or.

Les Persanes se teignent les cheveux, les cils et les sourcils, plus ces derniers sont épais et bien arqués, plus ils sont beaux ; par une bizarrerie inexplicable elles se peignent l'extrémité des doigts en rouge; elles se tatouent, de plus, un petit losange sur le front au-dessus des sourcils et un autre dans la fossette du menton, en un mot, elles ne négligent rien de ce qu'elles croient pouvoir rehausser leurs charmes, et poussent la coquetterie au moins aussi loin que nos femmes : on en peut juger par ce quatrain que nous avons trouvé au bas d'une vieille gravure représentant une Persane :

> A son air grave et dédaigneux
> Vous ne diriez pas qu'elle pense
> A quelque larcin amoureux ;
> Mais c'est encore pis qu'en France.

En résumé les Perses sont ce qu'ils ont toujours été, un des peuples le plus fastueux de l'univers ; il n'y a pas de pays ou le luxe soit plus grand, loin de le réprimer on l'encourage ; du reste ce vieil adage peint mieux cette nation que les plus longues dissertations, *Corbet ba Lebas*, suivant l'habit l'honneur.

<hr>

L'ART DANS LA MODE

ET DESCRIPTION DES COIFFURES.

Ce n'est pas chose toujours facile que de mettre de l'art dans l'application de la mode, pour le coiffeur surtout : obligé de consulter l'air du visage, l'âge et la stature, d'assortir les couleurs au teint et à la nuance des cheveux, d'établir un accord parfait dans les masses, et de composer, pour ainsi dire, une seconde physionomie pour la plupart des femmes, opérer à l'aide du peigne, dans un court espace de temps, (15, 20 ou 21 minutes au plus) des prodiges aussi remarquables. N'est-il pas vrai, mesdames, que c'est bien mériter de vous ? Nous savons que la couturière réhaussant aux jours d'apparat, l'éclat de vos charmes, faisant ressortir soigneusement, la grâce des beaux contours que la nature dans ses largesses, s'est plue à vous prodiguer, nous savons, disons-nous, que cette déesse de la toilette a aussi des droits incontestables à votre estime, et que ses doigts légers l'orsqu'ils façonnent une manche ou une garniture, comme celle nᵒ 2, par exemple, pourraient bien le disputer en adresse à la main de fée d'un célèbre coiffeur ; nous voudrions nier cette vérité, que les jolies manches et la tunique croisée du nᵘ 1, ce costume que nous avons remarqué au bal de l'ambassade anglaise viendrait, confondant tous nos raisonnements, nous prouver qu'il faut avoir un coup-d'œil d'aigle, un coup de ciseau hardi et le génie de la composition, pour innover de si délicieuses toilettes et savoir les approprier à la stature, avec la perfection qu'y apporte Mlle. Mélina, rue des Moulins. nᵒ.28, artiste que la modestie voudrait soustraire au grand jour de la célébrité.

Mais revenons au coiffeur : nous avons dit qu'il est plus difficile pour lui que pour la couturière, de mettre de l'art dans la mode, cela se conçoit ; la couturière après avoir pris ses mesures, a plusieurs jours pour établir, essayer, et retoucher au besoin son costume, et en habillant la femme, il lui est même possible d'apporter une dernière main qui donne à la toilette ce je ne sais quoi qui charme et qui séduit. Le coiffeur, au contraire, c'est à peine si, pendant qu'il pique une épingle, il a le temps de jeter un coup-d'œil dans le miroir pour juger de l'effet de la coiffure, les cheveux sont noués sur la

LES CENT-UN

On souscrit à la Direction, rue de l'Odéon, 33.

1 - Toilette de jeune personne dite à la Victoria — 2 - Parure à la Vallière.

Coiffures composées par Croisat — Fleurs et Plumes de Chagot, r. Richelieu, 81.

Épis de Diamans de la Maison Bourguignon, r. de la Paix.

ligne de l'œil, (voyez n°. 1). Il les sépare en trois parties, les lisse et les mouille avec de la bandeauline comme pour former des rubans de cheveux, et puis, il plie et replie chaque mèche de manière à ce que le chou, qui se commence par en bas, soit composé de six coques non crêpées. Cela fait, il prépare ses mèches de devant, il les crêpe en dessous, les lisse et les mouille par dessus et quant cela est fait il prépare, à l'aiguille, son réseau d'or qu'il pose sur les pariétaux, le long fil, qui est la continuation de la gance du milieu entoure les mèches des tempes et coupe agréablement les Clotildes qui vont se perdre autour du chou.

La dernière épingle n'est pas à peine mise que le coiffeur est déjà transporté chez une autre femme qui, l'attendant assise devant sa toilette, calcule les contredanses que chaque demi-heure de retard lui fait perdre.... Voilà ce qui fait la difficulté de notre état; il faut que la main et l'esprit travaillent ensemble sur un terrain fragile et délicat. Nos compositions agissant directement sur les traits, il faut qu'elles exercent une influence heureuse, ou nous sommes des barbares indignes du boudoir, et pourtant nous n'avons pas le temps de rien corriger!

S'agit-il d'une coiffure historique, il faut que le coiffeur se reporte au temps dont il emprunte les traits; qu'il ait assez de sagesse dans son exécution pour ne pas altérer le caractère de sa coiffure, quoi qu'il faille indispensablement la faire cadrer avec le visage, la coupe de tête, comme aussi, la longueur du cou :

Ceci s'applique à la coiffure n°. 2, modèle d'élégance des *Louis XIV*, dont les petits tire-bouchons frisés avec un fer de trois lignes d'épaisseur, *gazent amoureusement* le front.

Dans cette coiffure, le chou est composé d'un long rouleau en forme de serpent et de trois épis de diamants qui s'échappent du centre des masses.

C'est dans l'éxécution d'une coiffure semblable qu'il faut avoir de l'agilité dans les doigts!

Après avoir mis une multitude de papillottes et roulé ses tire-bouchons au fer, on noue les cheveux et l'on forme son serpent que l'on couronne d'épis; viennent ensuite les cent et une boucles qui se forment sur le second doigt comme par enchantement et que viennent accompagner, d'une part, la rose posée *à la Nina*, et de l'autre, les trois marabouts qu'un fil de la couleur des cheveux assujétit sur un petit peigne planté dans le crêpé des papillottes...... Que d'opérations différentes! Que de travail! Ah! quand on considère les merveilles que nous produisons en si peu de temps et que nous ne saurions nous écarter du beau sans tomber dans le ridicule, c'est bien le cas de dire avec *Lefèvre*, (voyez deuxième livraison), que l'art du coiffeur est le plus difficile de tous.

DE L'AIR DU VISAGE.

CINQUIÈME LEÇON DE L'ART DE COIFFER.

TROISIÈME ET DERNIÈRE PARTIE.

GENRE MIXTE.

J'ai dit dans ma 33ᵉ livraison que dans le caractère *mixte* il n'y a aucune ligne, aucun trait, qui se dessine assez fortement pour produire une impression marquée sur l'esprit du coiffeur, et c'est pour ce motif que j'ai voulu faire suivre la première partie de cette importante leçon (voyez 30ᵐᵉ livraison, de l'air du visage, genre gracieux, première partie), de l'article sur les visages sévères, afin que la transition fut bien sentie de tous mes lecteurs. Aujourd'hui, que chacun d'eux a pu se pénétrer de la nature de ces deux caractères rivaux, et que, d'après les détails minutieux dans lesquels je suis entré relativement aux nuances que chacun renferme, il ne peut plus rester aucun doute sur les deux premiers genres de beauté, non plus que sur les modifications qu'il est nécessaire d'apporter dans les coiffures selon les différents cas, je m'en vais terminer cette leçon difficile par la définition du troisième caractère qui tient le milieu des deux premiers. Ce caractère que j'appelle *mixte*, parce que tantôt il tient du sévere et tantôt du gracieux, est ainsi défini : *calme, modestie, simplicité*. En effet, ce qui frappe, d'abord, dans ce caractère, c'est l'indifférence du regard et la faiblesse des traits, il semble qu'une femme du genre *mixte* soit insensible à toute sensation : il est cependant, ici des distinctions à faire comme dans les physionomies du genre *sévère*, ainsi que dans celles *gracieuses*, et nous avons aussi deux nuances à ajouter à la principale que nous venons de signaler. Ces nuances découlent naturellement des caractères dont celui-ci est composé, car cette indifférence dont on est d'abord frappé se modifie et vous charme si les muscles qui entourent la bouche font naître un de ces sourires, qui rappellent les physionomies du genre gracieux. La modestie et la simplicité, cet apanage de la mère de famille, de la jeune fille sans fortune, qui ne s'accommode que d'une coiffure faite sans trop d'art, sans trop d'affectation ; une coiffure qui, comme le reste de la toilette, indique que l'on ne s'est point parée pour être ni plus belle, ni plus attrayante, mais bien, pour être d'une manière convenable et digne du monde que l'on voit : cette modestie de ménagère, ou cette simplicité de jeune fille prend un aspect *mi-caractéristique*, lorsque la triangulaire de la bouche est un peu marquée, que les sourcils décrivent une ligne droite et épaisse, en un mot, lorsqu'on

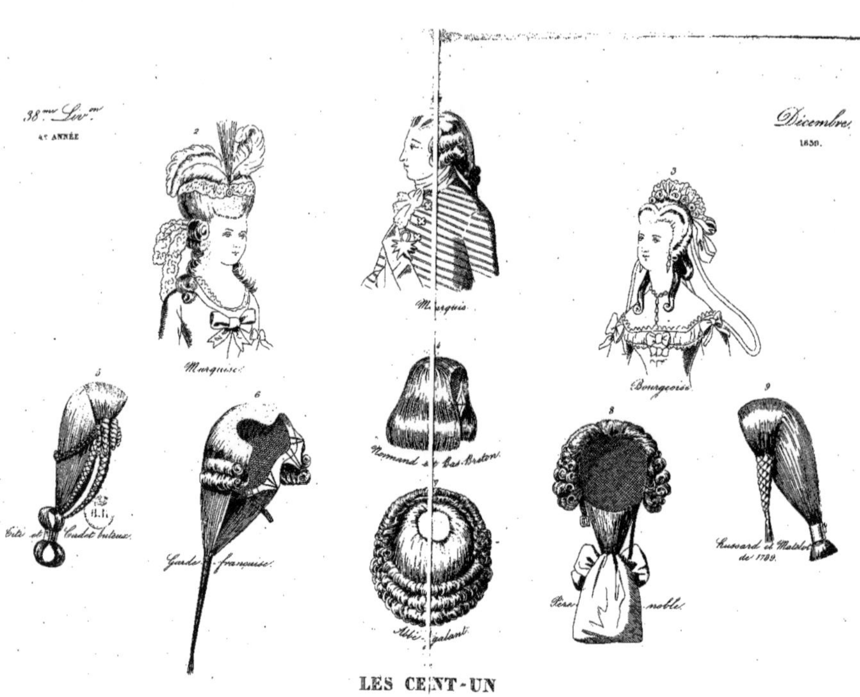

LES CENT-UN

On souscrit à la Direction, rue de l'Odéon, 33.

Prix par an . Paris, 10.f Pr.vince; 11.f Etranger, 12.f

Coiffures et Perruques pour Travestissements par Croisat, Professeur de Coiffure.

remarque sur le visage un des traits qui caractérisent les figures du second article de cette leçon. (Voyez 33me livraison.)

Comme les nuances que renferme ce caractère n'offrent ni contrastes ni ensembles qui nécessitent des exécutions hardies, qu'au contraire les coiffures qui vont avec elles sont difficiles à décrire vu leur manque d'effets, je me bornerai à renvoyer les lecteurs aux coiffures de l'ouvrage que je désigne ici-bas, lesquelles divisées par nuances feront de cette étude difficile une sorte d'amusement.

Je ferai observer que dans une étude semblable, il ne faut pas avoir toujours les yeux sur les figures ; attendu que celles-ci n'étant dessinées, gravées et coloriées qu'à la suite du travail du coiffeur ; il n'est pas rare de voir des coiffures mal assorties aux visages : ce qui est le plus nécessaire pour éviter la confusion, c'est de savoir, pour ainsi dire par cœur, les deux premières parties de cette leçon, et principalement tout ce qui se rattache aux principes linéaires.

Appartiennent au genre mixte les coiffures ci-après :

Nº 5	Page 22	par Fauvel, de Rouen.
4	idem.	Baudin, de Paris.
3	page 31	Piedford, de Boulogne.
2	39	Boudet, de Bordeaux.
2	56	Lemoine, de Caen.
6	15 livr.	Laune, à Avignon.
1	18 livr.	Rousselle, de Paris.
5	22 id.	Surlanne, de Dax.
7	29 id.	G. E. Van-der-Keyten fils, de Francfort.
5	30 id.	Duprat, de Paris.
5	33 id.	Sibié, de Paris.
2	34 id.	Bouchard, de Lyon.
6	idem.	Croisat, de Paris.
4	36 id.	Perrin, de Paris.
2	37 id.	Rouselle.

Coiffures mi-sévères :

3	page 35	Pauvert, de Marseille.
1	17 livr.	Olivier, de Moscou.
1	19 id.	Michel, de Paris.
2	20 id.	Croisat, de Paris.
4	23 id.	Puget, de Paris.
6	idem.	idem.
7	30 id.	Léon Sébire, de Châteaudun.
2 3	31 id.	Croisat, de Paris.

Coiffures mi-gracieuses.

6	page 15	Chaudru-Daragon, de Paris.
2	26	Michel, de Paris.
10	45	Croisat id.
5	14 livr·	id. id.
5	17 id.	Gaudereau id.

AVIS. Manquant d'espace pour donner une description étendue des perruques à travestissemens, nous avons l'honneur de prévenir **MM.** les souscripteurs, que cet article, ainsi que la planche aux coiffures et costumes historiques, ne pourront leur être offerts qu'à la prochaine livraison.

ANNONCES.

Exposition de 1839.

BROSSES MÉCANIQUES.

INVENTÉES PAR CROISAT, BREVETÉ,

Rue de l'Odéon, N. 33, à Paris.

Nouvellement perfectionnées et Brevetées.

Aujourd'hui ces brosses sout en bois et quoique à réservoir, l'extérieur est en tout semblable à celles ordinaires, c'est à dire en palissandre, acajou ou en bois de citronier naturel, sans vernis ni peintures.

Nº 1 à 6 tubes, en palissandre, la douzaine.			60 f.
2 id.	id.	id.	54
3 à cinq tubes	id.	id.	48
id.	à filets	id.	42
4 à quatre tubes, en accajou.		id.	36
4 1/2 id.	bois tient.	id.	33
5 à trois tubes pour eau athénienne.		id.	30
Petites brosses bandeauline en buffle		id.	27

Brosses à Dents.

En ivoire, manche en cristal.		id.	42
id.	en étain.	id.	36
Buffle ou os, beaux manches.		id.	30
id	en étain.	id.	24
Brosses à ongle, tête en buffles		id.	27

Pinceaux Mousseux.

Manches en cristal garniture ivoire		id.	60
id.	en os	id.	48
id. métal avec décors		id.	42
id.	à filets	id.	36
id.	id. moins épais	id.	33
id.	id. soie blanche	id.	24

Eau athénienne pour ôter les pellicules, la livre, 2 f. 50 c. 12 flacons, 12 f.

Huile philotrique-liquide la l. 4 f. 12 flac. 7 f. 50

Gelée brillantine	id. 1	id.	6
Eau dentifrice et des fumeurs	id. 3	id.	9
Crème d'amendes liquide	id. 2	id.	12 6

TEINTURE POUR LES CHEVEUX.

EAU MÉNALOPHILE.

Avouée par la chimie pour teindre les cheveux, favoris et moustaches en noir, blond et châtain, à la minute et sans danger. — Prix : 6 fr. — Madame Louis, rue du Vieux-Colombier, N. 5 à Paris. (Affranchir).
Même maison, rue St-Honoré, 137.

FABRIQUE DE MÉTALLIQUES

DE GUSTAVE BOUDON.

Rue St-Martin, N. 10. A PARIS.

Ces articles confectionnés avec soin et d'une vente courante, sont offerts à des conditions qui ne redoutent aucune concurrence, savoir :

Métalliques à 2 lames, trav. ouvertes	1 4 fr.	la d.	
id.	2 lam. trav fendues	12	la douz.
id.	1 lam. trav. ouverte oreillers à tempe	10	la douz.
id.	1 lam. or, temp. trav. simp.	8	id.
Cintré formant la raie de chair.		24	id.
Métalliques pour bonnets de dames.		7	id.
Id. pour Chapeaux.		6	id.

LE LION DE LA PORTE SAINT-MARTIN,

donné par

M. VAN-AMBURG

A M. CROISET, SON COIFFEUR.

Boulevart St-Denis, 26, A PARIS.

M. Croizet ayant retiré toute la graisse de cet animal, peut offrir la véritable POMMADE DU LION, pour préserver la chute des cheveux.

Cette Graisse s'emploie le soir, la chaleur de la nuit facilitant la transpiration fait qu'elle pénètre dans le cuir chevelu et fortifie la racine des cheveux.

Les pots sont vendus 3 fr. 50 c.   au détail.
—   —   —   30 fr.   la douzaine.

FABRIQUE D'IMPLANTÉS DE Mme DESHAIE.

Rue de la Grande-Truanderie, n. 13, A PARIS.

Madame DESHAYE qu'honorent de leur confiance MM. les premiers coiffeurs de Paris, fait savoir qu'ayant fait une étude spéciale des diverses teintes de cuirs chevelus, elle établit les perruques chauves, les Tonsures, les Barbes, et généralement tous les ouvrages pour théâtre, de manière à jouer le naturel, à l'égard des raies de chair et des finitions, les prix varient selon leur largeur, mais quelque soient les ouvrages dont on peut avoir besoin, on peut être assuré que faits par elle, ils sont toujours solides et légers. (Affranchir)

IMPRIMERIE DE MOESSARD ET JOUSSET, RUE FURSTEMBERG, 8.

39ᵉ LIVRAISON.

DESCRIPTION DES COIFFURES.

N. 1.—Coiffure par M. **MARIUS-FRANCO**, rue de Choiseul, n. 2.

Pendant que Messieurs les fashionnables de bas étage s'éprennent d'un tendre amour pour leurs tire-bouchons flottans et leurs bandeaux lisses, voilà que la jeune aristocratie, la tête de *la société*, autant par esprit de contradiction que pour ne pas ressembler, ainsi que ces messieurs se plaisent à le dire, à des *Merciers de la rue Saint-Denis*, voilà, dis-je, que marquis, comtes et barons se font couper leurs boucles soyeuses, pour porter les cheveux demi-longs, et quelque chose de plus court encore sur le derrière de la tête ; car ils ont horreur aujourd'hui des tours de tête ou tours de chapeaux.

Ce retour à la frisure au fer rond, ce coup de foudre fera sans doute éclater des imprécations de la part de beaucoup de confrères ; pareils aux perruquiers de l'ancien temps, lorsque les catogants furent abattus et les ailes de pigeons coupées, pour la révolutionnaire Titus, le désespoir s'empara de leurs ames; mais qu'ils se rassurent : chaque chose a son bon et son mauvais côtés. Or, cette nouvelle mode n'est pas dépourvue de certains avantages, et qui, nous l'espérons, seront compris de tous les coiffeurs.

Tout le monde sait que, lorsque vint la fureur de la papillotte, il y a deux ans, le prix de la frisure fut augmenté sans qu'aucun client se récriât sur le changement de prix; eh bien, les hommes s'étant accoutumés à rétribuer les coiffeurs d'une manière raisonnable, ils resteront toujours dans les mêmes dispositions, pour peu que le changement de mode soit ménagé; c'est-à-dire que si avant d'écourter un client, le coiffeur lui laisse ses cheveux demi-longs. ce qui exige que la touffe soit papillottée ainsi que le recouvrement de derrière, on arrivera insensiblement à la coiffure la plus écourtée, celle qui est le plus tôt faite, sans que personne puisse songer à revenir à ces bas prix qui amenèrent tant de misère dans un temps où l'on ne s'entendait pas (1).

Espérons que nous ne verrons plus de pareilles scissions parmi nous et que serrant la frisure, nous saurons soutenir les prix.

N. 2.—Coiffure par M. **PINON**.

Pour faire diversion avec les coiffures à rouleaux et en corde à puits, aujourd'hui nous faisons des coques lisses sans être crêpées; ces coques, mouillées avec de la bandeauline à l'intérieur comme à l'extérieur, offrent autant de

(1) Je tiens de M. Roland lui-même, qu'en 1836, lors du procès contre les afficheurs, si on avait voulu s'entendre, se rapprocher, on aurait pu relever le prix de la coupe et sauver cette intéressante partie de notre état; mais les parties s'étant aigries, on plaida, et renvoyées dos à dos, on continua à se faire la guerre, et cela au profit seulement des clients.

solidité que celles qu'on faisait du temps de la crépure. Pour exécuter mon chou, je noue mes cheveux à la hauteur de l'oreille, je les sépare en trois ou quatre mêches, selon ce qu'ils ont de longueur : une de ces mêches doit être plus épaisse que les autres, pour former la tresse qu'on aperçoit au pied du chou. Les cheveux étant ainsi disposés, je prends une brosse à ongle ou une éponge, j'enduis mes mêches de bandeauline en dessus et en-dessous, je les aplatis et les lisse comme des rubans de satin, et ensuite je forme mes coqnes ainsi qu'il suit : je lance d'abord une coque par en bas, en faisant remonter le bout de la mêche ; avec une autre mêche, je lance une seconde coque, puis une troisième. Avec les bouts des mêches je fais le rang supérieur, et ma tresse entoure le pied de ma coiffure. La guirlande, quoique touffue des deux bouts, est posée autour des lisses, parce que je n'ai rien voulu mêler à mes grandes anglaises.

N. 3.—Coiffure par M. MICHEL ADOLPHE, professeur de coiffure.

Pour exécuter la pose de mon chiffon, j'ai d'abord fendu ma chevelure de la naissance à la nuque, et j'ai ramené chaque moitié au-dessus des oreilles, ayant soin de me ménager des bandeaux droits sur le front. Cette opération terminée, j'ai formé deux rouleaux de chaque côté, que j'ai entourés d'une gance d'or ; deux de ces rouleaux ont été ramenés en avant, en forme de Chlotilde, et les deux autres se croisent derrière la tête, à la manière des coiffures romaines d'à présent : cela fait, j'ai pris une demi-aune de gaze par le coin : j'ai d'abord formé mon colimaçon de droite, je l'ai fixé sur le cordon, en lui donnant la grâce nécessaire ; et puis j'ai dirigé mon étoffe vers la gauche, en la faisant passer sous le rouleau qui se trouve de ce côté, pour aller ensuite coquiller comme je l'ai fait en premier lieu.

N. 4 et 4 bis.—Coiffure par M. OLIVIER.

Les cheveux attachés au bas de la nuque, il faut les séparer en six parties, et chaque mêche doit être lissée et imprégnée de bandeauline, soit à la brosse, soit à l'éponge, de manière à représenter des rubans de cheveux ; après cela, on dirige des lissés à droite et à gauche et l'on s'en ménage un pour croiser sur le milieu du nœud. Il faut aussi avoir le soin de se réserver une mêche de chaque côté du nœud, pour les faire serpenter le long des côtés et préparer, pour ainsi dire, un lit à la guirlande de fleurs que j'ai exécutée sur la tête, avec des branches détachées. Par devant, les tresses sont artificielles et montées sur peignes, attendu que la chevelure de la personne n'aurait pas pu fournir assez.

N. 5.—Coiffure par Mlle AUBERT, élève de Croisat.

Un petit coussinet, placé sur le lien, reçoit les lisses qui composent ce chou ; et l'oiseau-mouche qui semble chercher un abri sous les branches de chêne, est aussi assujetti sur ledit coussinet. Pour exécuter les coques, si les cheveux ont 25 à 26 pouces, on n'a besoin que de les séparer en deux parties, toutefois après avoir recouvert le coussinet ou rouleau qui entoure le cordon ; ceci se fait avec la courtaille qu'on a soin d'extraire de la masse, chose qui fait tout aussi bien ; quant au coussinet, et qui fait que les coques sont beau-

LES CENT-UN

On souscrit à la Direction, rue de l'Odéon, 33.

1. Coupe de cheveux par Marius Francs, r. de Choiseuil, 12.
2. Coiffure par Pinon, r. Boucherat, 4.
3. Chiffon par Michel Adolphe, de l'Académie de Coiffure.
4 et 4 bis par Olivier, rue du F.g S.t Honoré, 125.
5. par M.lle Aubert élève de Croisat, r. du F.g S.t Honoré, 35.
6. par Barousse Félix, de Bordeaux.
7. par Surlanne, de Dax.
8. par Laurent, d'Avignon, Membre de l'Ac.mie de Coiffure.

coup plus nettes. Je reprends mon exécution, et je dis avec M. Croisat, mon maître, qu'il faut commencer par faire une des coques basse, ramener la mèche sur le coussinet pour l'y fixer dessus ; en faire autant pour la seconde coque, et encore autant pour la troisième; et cela, sans jamais quitter la mèche, car il faut finir un des côtés avant de commencer l'autre. Les deux côtés étant finis, on frise ses touffes et l'on pose ses branches de chêne, l'une retombant sur la touffe gauche, l'autre remontant comme pour balancer le mouvement de la première, et lorsque la coiffure est finie, on prend son oiseau et on le pose sur le haut du chou, la tête en bas, comme s'il descendait pour se poser.

N. 6.—Coiffure par M. **FÉLIX BAROUSSE**, de Bordeaux.

Couronné au concours d'émulation donné par M. Arlaud, buraliste, à Paris, j'ai cru pouvoir songer à prendre un établissement, et en fils reconnaissant, j'ai choisi pour séjour la ville qui m'a donné le jour, où même je fis aussi mes premières armes en coiffure et en faux-toupets.

C'est donc des bords de la Gironde que j'adresse à la société des CENT-UN, un jeté de dentelle, souvenir des Leçons d'un grand maître, membre de l'Académie et que la Chaussée-d'Antin recherche, quoique sa modestie veuille le dérober au grand jour de la célébrité.

Si mon premier essai convient à quelque lecteur, et si un mois de séjour en province ne m'a pas, comme on dit, rouillé le goût, qu'il fasse deux torsades, qu'avec l'une d'elles, se dirigeant à droite, il forme la droite du chou. La seconde, dont on aperçoit le point de départ au centre, formera le côté gauche, et puis l'aunage de dentelle pris par le milieu, plissé dans toute sa longueur et retroussé par derrière, cet ornement si riche et surtout si bien porté viendra mettre le complément à la coiffure et donner le cachet des *Louis XIV*, mode qui semble l'emporter encore cet hiver.

N. 7.—Coiffure par M. **SUBLANNE**, de Dax.

Confiné au fond de mon département, croyez-vous, mes co-souscripteurs et collaborateurs, que mon imagination se néglige et que mes doigts se soient endurcis? Oh! non pas, voyez-vous; le luxe a pénétré trop avant dans le cœur des dames de la province, pour que des artistes studieux, nourris d'ailleurs des leçons des premiers maîtres de la capitale, puissent se brouiller avec la mode et les bons principes, au point de se rendre indignes de figurer au nombre des CENT-UN.

Le bal qui fut donné à Monseigneur le duc d'Orléans, lors de son passage dans notre ville, suffirait au besoin pour prouver qu'à deux cents cinquante lieues de la capitale on y fait les nœuds de torsades à la mode, et qu'on sait allier à la coiffure basse l'ornement le plus ingrat, pour la pose, c'est-à-dire l'oiseau de paradis.

N. 8.—Coiffure par M. **LAURENT**, membre de l'Académie de coiffure, à Avignon.

Pour que la coupe soit commode, c'est-à-dire pour que les pointes se recourbent bien, je taille me cheveux d'abord en chevauchant, et cela, en les prenant par partie et en travers du sens où ils doivent se jeter ; après cela, je les mets en place et je les épointe sur les doigts, afin de les faire masser.

Cela fait , je passe le peigne de buis, je donne mon coup de brosse et je termine mon nétoyage (moyennant une rétribution en sus du prix de la coupe) par une lessive d'eau athénienne appliquée à la brosse mécanique, instrument qui , tout en abrégeant l'opération, économise la liqueur.

Les cheveux étant ainsi nétoyés, je mets les plus longs en papillottes, et les courts, je les passe au fer rond; pendant ce dernier travail, les papillottes refroidissent, et je puis, sans perdre de temps, procéder à la coiffure qui se fait par masses brisées et non au peigne, comme on faisait les tours de chapeaux de l'été dernier.

HISTOIRE DE LA COIFFURE ET DU COSTUME

DEPUIS L'ANTIQUITÉ JUSQU'A NOS JOURS.

ÉGYPTIENS MODERNES.

Ainsi que nous l'avions annoncé, cette livraison contient les costumes et coiffures qui se rattachent aux articles historiques publiés dans le CENT-UN; nous avons choisi ce moment pour faire sortir tous ces costumes de caractères, pensant qu'ils pourront servir de modèles pour les bals travestis.

Dans notre premier article sur l'Egypte, nous avons abandonné cette province à l'époque de sa conquête par les Romains. Lors de la formation de l'empire d'Orient, l'Egypte devint l'apanage des empereurs grecs ; mais leur main débile ne put jamais conserver cette importante contrée qui tomba sous le joug des Musulmans. Bientôt la division se mit parmi les conquérans , l'Egypte se proclama indépendante; puis vint le grand Saladin qui renversa ce royaume éphémère , et forma la race des Ayoubites , race qui fut à son tour dépossédée par les Mamlucks. A partir de cette époque, l'Egypte a subi de nombreuses et terribles viscissitudes : tantôt soumise à la Turquie, et tantôt écrasée sous le despotisme militaire des Mamlucks. Un instant libre avec Bonaparte et les Français, enfin elle respire aujourd'hui sous Mehemet-Ali, qui après avoir anéanti les Mamlucks en 1811, et s'être rendu, en quelque sorte, indépendant de la Porte-Ottomane, a rendu à ces belles contrées une partie du lustre et de la splendeur qu'elles avaient sous les Ptolémées.

Les habits et la coiffure des Egyptiens ont rarement changé, car les monumens qui nous restent de cette nation, ne nous offrent que trois variantes, savoir : le costume antique (Voyez fig. 1, 2 et 3), les modes mi-romaines du temps de Cléopâtre (fig. 4 et 5) et le riche costume d'aujourd'hui. Ce dernier , remarquable par sa richesse , est d'une ampleur tellement grande, aussi bien chez les hommes que chez les femmes, que nous ne pouvons nous empêcher, à cette occasion, de citer la réflexion que fit un jour un Egyptien en voyant passer un de nos compatriotes vêtu d'un pantalon étroit :

LES CENT-UN

On souscrit à la Direction, rue de l'Odéon, 33.

Planches Historiques.

Comment, s'écria-t-il, vous avez donc bien peu de drap dans votre pays, pour le ménager à ce point?

La partie obligée du costume égyptien est un pantalon fort ample, connu en France sous le nom de pantalon à la Mamluck; il est de drap ou de toile, selon la saison; la couleur rouge est celle qu'on préfère. Ce pantalon, assujéti autour du corps par la ceinture, et au bas de la jambe par des coulisses, forme une foule de plis fort grâcieux autour des hanches et sur les cuisses; il a de plus l'avantage de laisser à la partie inférieure du corps une grande liberté de mouvemens.

Les Egyptiens aiment à être chaudement vêtus, même en été, aussi s'affublent-ils de plusieurs robes. D'abord c'est une chemise qui descend très-bas et qui recouvre en partie le pantalon; par-dessus on met une veste très étroite ou plutôt un corset qui la maintient autour du corps; puis vient le *Caftan*, longue robe ouverte par devant et garnie de manches étroites; on la serre autour du corps avec une large ceinture, le plus souvent en laine de cachemire, et dont les deux bouts, ornés de broderies et de longs effilés, retombent sur le côté. Cette ceinture sert en même temps à supporter les armes pour la beauté desquelles les Orientaux déploient un luxe extraordinaire. Enfin, on ajoute au caftan une autre robe nommée *Gebbeh*, également ouverte par devant, mais dont les manches ne descendent pas plus bas que le coude; en hiver on la double de fourrures.

Les costumes des Mamlucks, corps exclusivement militaire, était beaucoup plus simple et plus commode : il se composait d'un pantalon serré autour du corps avec une ceinture, d'une veste très ample, ouverte sur la poitrine et descendant un peu plus bas que les hanches. (Voyez fig. 10.)

La coiffure n'est pas la pièce du costume la moins compliquée; d'abord c'est le *Tarbouch*, espèce de bonnet ou de calotte en feutre, qui couvre la tête jusqu'aux oreilles. C'est un moule autour duquel on roule plusieurs fois une longue et large bande de mousseline (les gens qui occupent une haute position par leur rang ou leur fortune se servent d'un cachemire de l'Inde). Le turban le plus ordinairement employé s'obtient en roulant en spirale la bande de mousseline autour du tarbouch, et sans que les masses se croisent les unes sur les autres. D'autres personnes néanmoins, déploient plus d'art dans la pose de l'étoffe autour du *Tarbouch*, tantôt les masses se croisent, (Voyez fig. 8) sur le front et dessinent plusieurs angles, sans pourtant ombrager le visage: tantôt le bourrelet forme une saillie tellement forte en avant, que la physionomie, déjà très mâle, acquiert encore un haut degré de sévérité et même de dureté (Voyez fig. 9.) Le turban des Beys a une forme distinctive : d'abord le moule est cylindrique comme la tiare antique, et l'étoffe qui tourne au pied, se trouve pressée par devant et par derrière par de riches agrafes; le front se trouve ainsi dégagé, et l'on a deux fortes masses sur les côtés : nous ferons observer qu'à l'exception des Beys, les Egyptiens ont soin de laisser libres les deux bouts de l'étoffe, qui brodés et garnis d'effilés, retombent derrière la tête, et produisent un assez agréable effet.

Il est inutile de dire que les vêtemens dont nous venons de parler, ne sont communs qu'aux gens aisés; quant au bas peuple, sa modeste garde-robe se compose le plus souvent d'un pantalon qui se noue au-dessus du genou, comme celui des paysans Bretons; d'une robe ou tunique d'étoffe grossière qui ne descend qu'à mi-jambe, et dont les manches fort larges s'arrêtent au coude; enfin d'un turban, ou plutôt d'un lambeau de laine ou de toile de coton roulé autour de la tête.

Les Egyptiens laissent entièrement croître leur barbe et leurs moustaches ; comme tous les autres sectateurs de Mahomet, ils se rasent la tête et ne laissent sur le crâne que cette petite touffe de cheveux par laquelle ils prétendent que le prophète viendra les saisir après leur mort, pour les transporter au sein des voluptés éternelles.

La profession des barbiers est fort en honneur chez les Egyptiens, par cela seul qu'ils touchent à la tête ; ils sont, dit-on, d'une étonnante habileté, et rasent une tête en un clin d'œil.

Il y a parmi les femmes égyptiennes comme parmi les nôtres de grandes différences, qui prennent leur origine dans leurs positions sociales ; mais il est chez elles comme dans toutes les nations, un goût inné, un goût que ne peut atténuer la pauvreté, un goût qui constitue, pour ainsi dire, le seul point de ressemblance qui existe entre elles, c'est l'amour de la parure : riches et pauvres, toutes déploient un luxe vraiment étonnant ; beaucoup portent sur elles toute la fortune de leurs maris, et il n'est pas rare de voir en Egypte, l'épouse d'un humble artisan parée de bijoux dont s'énorgueilliraient nos grandes dames d'Europe.

Le costume des femmes n'est pas moins compliqué que celui des hommes ; celles d'un rang élevé sont fort recherchées dans leur parure, et quoiqu'elles ne puissent briller qu'aux yeux de leurs maris et de leurs proches, la loi du prophète leur défendant de se montrer en public sans être voilées (voyez fig. 6, costume de ville), elles n'en poussent pas moins la coquetterie à un très haut degré. Elles se couvrent le corps des étoffes les plus riches, sur lesquelles sont prodigués sans choix et sans symétrie des diamants et des métaux précieux. Leur cou est orné de colliers qui descendent jusqu'au bas du sein, et supportent le plus souvent deux petites boîtes, dont l'une contient un verset du Coran, et l'autre des essences ; car, en Egypte comme en France, les femmes font marcher de front la religion et la coquetterie.

Les Egyptiennes portent de longs et larges pantalons, semblables en tout à ceux des hommes, si ce n'est qu'ils sont d'une étoffe plus fine ; par dessus elles mettent une chemise qui forme jupon par dessus le pantalon, puis vient une robe nommée *Yalek*. Cette robe descend presque jusqu'aux talons ; elle est recouverte d'un corsage agrafé sur la poitrine, et les manches collantes se terminent à leurs extrémités par des manchettes plissées. Enfin par dessous cette robe on en met une seconde (Gebbek), sorte de pardessus qu'on double de fourrures en hiver et dont les manches sont courtes et très étroites (voyez fig. 7.)

Les vêtemens des femmes comme ceux des hommes, sont à fleurs et richement brodés ; le yalek se serre ordinairement autour du corps avec une ceinture de soie ou de mousseline, assujéti par des agrafes ; souvent aussi cette ceinture est remplacée par un cachemire d'une extrême finesse, qu'on noue sur le côté.

Le turban des femmes se compose à peu près des mêmes élémens que celui des hommes, seulement il est plus varié et plus enjolivé ; il semble que privées de parures lorsqu'elles se montrent en public, elles cherchent à se dédommager dans le harem : tantôt ce sont des turbans composés de deux étoffes de couleurs différentes que l'on orne de bijoux, de fleurs, de feuillage même, et auxquels on suspend un léger voile brodé ; tantôt c'est un cachemire nonchalamment jeté sur la tête, et qui laisse apercevoir les cheveux bouclant sur le cou. Une coutume assez générale chez les femmes du harem, est de se coiffer d'une sorte de calotte grecque richement brodée, et ornée d'une ai-grette de diamants sur le devant, la moitié de cette calotte se trouve recou-verte par une écharpe de cachemire qui flotte de chaque côté.

CONFECTION ET COIFFURE DES PERRUQUES.

(Voyez 38e livraison.)

N° 1. Perruque de marquis. — A cette perruque, il n'y a qu'un seul oreil-lon, celui de devant ; par derrière, une boucle sert à la serrer, lesdits oreil-lons ainsi que le bec de devant étant garnis de bougran, ou toile gommée, et ensuite de ressorts mis en croix, on monte les tresses ayant soin de les distri-buer ainsi qu'il suit : sur le bord de la perruque, (bord de front) est un rang de tresses faites sur deux soies, à l'N, têtes coupées, fine et très frappée, et pour ce rang on pique à l'aiguille dans la tresse et l'on prend le ruban en dessous du picot. Sur les tempes sont des cheveux frisés, effilés et mêlés de crêpé par les racines. La partie de la bosse frontale est garnie de cheveux courts, qui sont renversés en arrière à coup de fer plat pour qu'ils se lient avec les che-veux de la queue, laquelle doit être divisée en trois étages, savoir : les plus courts par le bas, les moyens pour le milieu de la plaque et les plus longs sont par en haut. Les anciens en 1780 avaient pour préparer les paquets de cheveux une règle sur laquelle il y avait des divisions qui, bien observées, faisaient qu'on n'avait pas besoin de couper des pointes, aussi leurs coiffures étaient-elles toujours bien légères.

N°s. 2 et 3.—Dans ces perruques les montures sont semblables à la précé-dente, seulement, les échancrures sont moins prononcées, et tout le devant est garni de cheveux frisés; je ferai observer que pour obtenir les belles frisures du N°. 2, il faut que les cheveux des oreillons soient longs et à plusieurs étages, tandis que pour le N°. 3 il n'est besoin que de coudre une mêche sur le der-rière des oreilles en manière de repentirs; quant aux chignons, ils suivent à peu-près la règle des plaques des perruques d'hommes, cependant il faut avoir le soin de coudre en dessous, c'est-à-dire au bord du ruban, sur l'occiput, un rang de tresses à l'N bien frappé et en cheveux carrés pour que le chignon soit bien lisse. Dans ces perruques, il est une particularité que je dois signa-ler, c'est la forme du devant : à son extrémité par le haut, le ruban forme le cœur afin que la toque ou coussinet de crin sur lequel on bâtit la coiffure puisse se loger sous le crêpé sans être aperçu : c'est aussi sur ce coussin que sont po-sés les ornements.

N° 4. Montures à deux oreillettes.— Cheveux courts sur le cranc, longs et carrés au pourtour de la perruque, ici, la division du bas est mêlée de crêpé ou d'un peu de crin, les autres divisions sont toutes naturelles, mais bien car-rées en pointe : c'est le cachet de la perruque.

N°. 5. Perruque de Titi en racine d'aloès, dite soie végétale.—Monture or-dinaire et à élastique, 3 corps de rangs et un recouvrement : le premier corps, c'est la plaque de derrière qui monte jusque sur les pariétaux, le deuxième c'est la frisure qui occupe les oreillons de devant, le troisième c'est la plaque de dessus; le recouvrement, fait en arrête de poisson, sur quatre soies, se pose sur le milieu afin de cacher les derniers rangs de tresses. Je ferai obser-ver que dans cette perruque il y a six divisions, parce que les cheveux doivent tous arriver ensemble pour former le Catogant. Effilez un peu les pointes en dedans pour que le catogant soit facile à faire.

N° 6. Monture à doubles oreillons et à boucles. — Garnitures en bougran et mêmes distributions que pour la perruque de marquis, seulement les cheveux de la queue doivent avoir cinq pouces de plus en longueur et les faces doivent être plus larges et plus épaisses; ici, point de rosette à la queue, mais bien une épeingle d'argent piquée dessus.

N° 7. — Dans la perruque d'abbé, la monture est pleine, c'est-à-dire qu'elle passe par dessus les oreilles et qu'il n'y a point d'oreillons. — Bord de front, trois divisions dans les cheveux; les plus courts sont sur le sommet et l'épi qui est une finition de trois pouces de diamètre est tondue à ras dans le milieu afin d'imiter une tonsure qui serait rasée depuis quatre jours.

N°. 8. — Même monture que dans la perruque du marquis, seulement plus fournie sur les côtés de la tête et frisée sur le sommet, le *crapeau*, ou bourse, se pose après que la perruque est coiffée.

N°. 9. — Même travail que dans le N° 5, seulement, point de frisures sur les tempes, cheveux plus courts mais plus épais, à défaut de cheveux épais un bouchon dans la queue, mettre de la feuille de plomb au bout des tresses.

Le Marquis, les Femmes, le Garde-Française, le Père-Noble et l'Abbé se poudrent à blanc. Le Hussard et le Bas-Breton ne prennent pas de poudre, ni le Titi non plus, attendu que l'aloès est d'un blanc de lait.

Pour poudrer à blanc, il faut d'abord mettre une couche de pommade qui atteigne tous les cheveux, et puis il faut y appliquer un bon fond de poudre à la houppe de cigne ; pour que cette première couche pénètre bien partout, on passe le peigne du gros côté, et après avoir mis les cheveux en place, c'est-à-dire après avoir fait son tapé, ses tresses ou bien son chignon, on reprend un peu de pommade, on caresse legèrement les cheveux, et puis on parcourt la coiffure avec la houppe de cigne : s'il y a quelque part de la poudre en trop grande quantité, on en fait tomber un peu avec le peigne, et l'on termine sa coiffure par un coup de houppe de soie, laquelle lançant la poudre à 4 ou 5 pieds de distance, procure le plus beau frimat qu'on puisse voir.

Pour que la personne ne puisse pas être incommodée par cette opération, avant de prendre sa houppe de volée, on forme avec une feuille de papier un large cornet qu'on donne à tenir à la personne, afin qu'elle garantisse ses yeux.

La poudre étant mise et l'accommodage étant fini, on nétoie le front avec un petit couteau, et l'on termine son nétoyage par une revue sur tout le visage et les oreilles avec une patte de lièvre, garnie de son poil.

ANNONCES.

IMPRIMERIE DE MOESSARD ET JOUSSET, RUE FURSTEMBERG, 8.

LES CENT-UN.

On souscrit à la Direction; rue de l'Odéon, 33.

1 – Travestissement tiré de la Cour de Louis XVI ; Coiffure composée par Croisat.
2 – Coiffure par le même, Bournous arabe, Robe garnie de volants tuyautés.
3 – Devant de Coiffure en lisses et velours épinglé par Croisat.

40ᵉ **LIVRAISON.**

TRAVESTISSEMENT

ET

DESCRIPTION DE TROIS COIFFURES,

COMPOSÉES PAR CROISAT.

Mon cher Croisat, comment allez-vous me coiffer, et qu'allez-vous me mettre sur la tête pour cadrer avec ce costume de marquise, dont le volant de guipure et le corsage garni de coques de satin d'où s'échappe un gothique cordon de montre, me rappellent ma grand'mère? me disait, il y a huit jours, la vicomtesse de S...., au moment où, nouveau poudret, je me présentais à elle la boîte à l'amidon sous le bras et l'air affairé. Madame, lui dis-je, après avoir parcouru du regard la plus jolie figure de fantaisie, la poitrine la plus blanche et la mieux faite, et une taille qui fait tourner la tête à tous les valseurs ; en un mot, après avoir parfaitement envisagé mon coquet personnage : madame, votre poitrine étant excessivement dégagée, il nous faudra des échappés de frisures, qu'on nomme........... Ah ! voici le mot : des *anneaux flottans*, disposés en étages comme des *repentirs*, ainsi qu'en portaient autrefois les dames de la cour.—Et pardevant, comment allez-vous m'arranger les cheveux?—Ah! le devant, dis-je à la vicomtesse, en divisant machinalement sa chevelure comme pour la séparer en deux parties: le devant, j'ai envie de le garnir d'un joli tapé en racines droites.—Oh ! Dieu, j'ai horreur des ébourriffades et des crêpés. Non, non, monsieur, je n'en veux pas ; je serais trop laide, trouvez-moi quelqu'autre chose ; je m'accorderai de tout, pourvu que je ne sois pas coiffée comme une furie.—Mais, madame, songez que c'est le costume qui veut cela ; il faut de l'harmonie dans tout, et, croyez-moi, si dans l'ancien temps on avait été scrupuleux sur ce point, on n'aurait certainement pas assimilé les admirables coiffures grecques avec les paniers, les souliers à talons et les mouches ; et le grand acteur Lekain n'aurait jamais voulu consentir à jouer le rôle d'Achille, affublé comme il l'était, d'un énorme catogant....—Ecoutez, Croisat, je sais que votre crêpé n'irait pas mal avec mon travestissement ; mais que voulez-vous, c'est plus fort que moi, je n'aime pas ces bouffées de cheveux qui vous soupoudrent à tout moment la figure, ni cet amidon qui vous arrive dans les coins des ailes du nez ; ça vous gêne, ça vous donne des démangeaisons, ça vous fait monter le sang à la tête et ça vous rend malheureuse !..... Tenez, dépêchez-vous de me trouver quelqu'autre chose, car j'ai déjà mes nerfs qui se crispent, rien que d'y penser... Voyant, en effet, que les traits de la vicomtesse se décomposaient, que ses bras se tordaient et que ses mains annonçaient un état convulsif, je me hâtai d'inventer un devant qui pût aller avec son costume, et qui concordât avec mes six anneaux et les lisses flottantes qui venaient d'être finis...... Appuyé contre une console où se trouvaient posées trois plumes d'autruche, deux aunes de dentelles et un bouquet de fleurs métalliques enrichies de diamants, je cherchai à me rendre compte de l'effet que produirait des touffes de canons accompagnées des ornements que j'avais à ma disposition ; et après plusieurs essais, un croquis que je fis en une minute, me détermina pour les canons ; d'autant que pour cette composition, qui semblait sourire à la vicomtesse, je n'avais qu'à envoyer chercher les oreillettes d'une perruque de conseiller qui se trouvait toute prête, vu qu'elle était louée pour le lendemain.... Je donnai donc un mot d'écrit à l'un des domestiques, et celui-ci s'étant servi de mon cabriolet, m'apporta en moins de dix minutes mes deux innocentes batteries. Ah ! cette fois je n'ai plus rien à redouter, dis-je à ma belle cliente. — Et pourquoi donc cela, monsieur.— Madame, c'est que maintenant je suis armé jusqu'aux dents. La réponse fit rire la vicomtesse, et mes canons qui n'étaient autre chose que de la grosse tresse, cousue en chamarrage sur une monture de cinq pouces de haut et quinze lignes de large. Cette batterie fut, dis-je, placée en rang de bataille sur les côtés de la tête, au moyen d'épingles doubles dites anglaises; car, comme chacun sait, il faut que les épingles aient au moins l'air d'arriver de Londres, pour qu'elles soient incapables de faire du mal..... Ah ! je respire, dis-je tout bas à la soubrette qui, voyant que sa maîtresse accordait un sourire à mes frisures, marmota ces mots entre les dents: C'est bien heureux !....

Vous allez me froncer le milieu de cette dentelle, dis-je à la friponne, qui m'éclairait, et qui, comprenant que je devais être pressé, me prépara bien vite mes barbes pendant que je posai le bouquet et la plume qui ornent le côté gauche, et que je huchai les deux plumes de derrière. Je dis huchai, parce que l'impatience commençant à me gagner, je ne prenais plus le temps de consulter les effets dans le miroir.

Je ne sais si la vicomtesse s'aperçut de ma brusquerie, mais en femme d'esprit et qui tient pardessus tout à être des mieux coiffées lorsqu'elle va dans le monde, après m'avoir témoigné sa satisfaction par un gracieux mouvement de tête, prenant la dentelle que la femme de chambre avait posée sur la toilette, elle me dit : M. Croisat, vous voici dans votre sphère, la dentelle, dit-on, est votre élément ; aussi, j'espère que la pose en sera remarquée ce soir et que l'on reconnaîtra la.......... Et que l'on reconnaîtra, dis-je en interrompant la vicomtesse, qu'il est des dames qui, par leurs graces, font valoir les toilettes, et qu'il n'est pas difficile pour un coiffeur d'obtenir des succès, avec une jetté de dentelle qui s'en va, galamment, former un bavolet sur le derrière *du modèle des têtes*, où flottent deux bouts qui n'ont pas été froncés à dessin.

Au moment où j'interrompais ma belle cliente, pour m'éviter l'embarras de supporter un compliment, je crus remarquer en elle un peu de contrariété ; mais lui ayant renvoyé la balle en véritable compatriote d'Henri IV, la vicomtesse ravie secrètement de ma galanterie, vit qu'un coiffeur de bonne compagnie peut toujours être aimable, sans jamais être déplacé.

Mais laissons là notre aimable pratique avec sa coiffure frimatée, bouclée et canonnée, et parlons un peu du N° 2, dont le capuchon du bournous étant rabattu, nous permet de suivre de l'œil tous les contours de tresses qui composent le chou. Cette figure est ornée avec beaucoup de simplicité : des anglaises crêpées forment des bandeaux jusqu'au bas des tempes, et tombent en longs tirebouchons jusqu'au bas du cou ; les cheveux sont noués très-bas et forment deux tresses, et celle de droite décrit un huit posé en travers, laissant deux petites ouvertures assez grandes pour qu'on puisse y passer la seconde tresse, qui forme deux chignons. Cette dernière tresse s'enlace dans le huit de la manière ci-après :

Le huit étant bâti sur le lien de la chevelure, il n'appuie pas assez sur la tête pour qu'on ne puisse pas y passer quelques mêches par derrière ; aussi, la seconde tresse qui est à la gauche du lien, repliée en dessous, vient-t-elle couper le huit en ressortant par le côté gauche et rentrant ensuite dans l'anneau de droite, derrière lequel elle est fixée par une épingle, sans que cela dérange en rien les contours décrits en premier lieu. La seconde tresse arrivée à ce point, il ne faut pour terminer sa coiffure, que relever le bout de la tresse, dont l'extrémité se perd soit sous la traverse, soit au travers de l'anneau qui est de ce côté. A défaut de longueur pour former les deux masses flottantes, une troisième tresse deviendrait nécessaire pour la partie flottant à droite, et, dans ce cas, l'excédent serait employé au pied du chou. Quant à la couronne, par devant elle est cintrée de manière à descendre jusque sur les oreilles, et puis les bouts sont remontés par derrière, afin de ne pas masquer le chou. Ce diadème diffère de celui qu'on remarque dans les coiffures grecques, en ce sens que celui-ci allonge le visage par sa cambrure, et que l'autre le raccourcit, décrivant une ligne droite horizontalement.

Le N° 3 est un fantaisie du jour : cette figure nous offre des lisses flottans lissés à la bandeauline, comme on en fait aux personnes dont les joues appellent les touffes, les bandeaux bombés ou bien les masses de rubans de cheveux dont nous avons parlé dernièrement.

LE PRINTEMPS DE MA VIE.

Né de parents qu'éloigna la fortune,
De mon enfance oubliant les douleurs,
Dans les guérets d'une mère commune
Je butinais quelque épi, quelques fleurs;
Unique espoir d'une union chérie,
Qui m'enseignait les plus douces vertus.
Qu'il était beau le printemps de ma vie!
Il est passé pour ne revenir plus.

Tout pénétrait ma jeune âme embrasée,
Le monde entier semblait mappartenir,
Dans le passé j'égarais ma pensée,
Et je planais sur le vaste avenir.
A mon réveil, aux bois, dans la prairie,
J'aimais ouïr mille chants confondus.
Qu'il était beau le printemps de ma vie!
Il est passé pour ne revenir plus.

Seul, à l'écart, sans marteaux ni truelles,
Grâce aux débris des antiques coteaux,
J'édifiais de faibles citadelles,
Qu'une heure après je trouvais en monceaux.
Tels sont les rois, auxquels on porte envie,
Aujourd'hui grands et demain abattus.
Qu'il était beau le printemps de ma vie !
Il est passé pour ne revenir plus.

Oui, jeune alors, j'aimais les traits d'histoire;
Fils d'un soldat pauvre, mais vertueux,
Mon cœur vibrait aux récits de la gloire,
Sans pressentir un revers désastreux !
Il m'était doux d'admirer ma patrie
Qui commandait à dix états vaincus.
Qu'il était beau le printemps de ma vie !
Il est passé pour ne revenir plus.

J'étais enfant quand l'Europe alarmée
Devant notre aigle inclinait le genou;
J'étais enfant quand notre grande armée
Tomba glacée aux plaines de Moscou.
Mais Waterlo succède à la Russie;
A l'étranger nos foudres sont vendus.
Qu'il fut affreux le printemps de ma vie!
Il est passé, qu'il ne revienne plus.

J'ai vu les pleurs de notre vieille garde,
L'aigle s'enfuir par un ciel nébuleux.
J'ai ramassé cette noble cocarde
Qui fut vingt ans un astre pour nos preux.
J'ai vu l'esclave exercer sa furie
Sur nos foyers si longtemps défendus.
Qu'il fut affreux le printemps de ma vie!
Il est passé, qu'il ne revienne plus.

J'ai vu la paix succéder aux orages,
Mais une paix qui flétrit notre orgueil;
J'ai vu ramper d'odieux personnages;
J'ai vu baver sur notre gloire en deuil !!
Tous les vengeurs de la France asservie
Dans le tombeau n'étaient pas descendus.
Qu'il fut affreux le printemps de ma vie!
Il est passé, qu'il ne revienne plus.

Laissant des rois s'éteindre la querelle,
Aucun souci n'altérait mes beaux jours.
Dix ans à peine... oh que la vie est belle!
Mais mon bonheur interrompit son cours.

Ma mère, hélas!... par la mort m'est ravie;
Rien ne fléchit les destins absolus.
Ainsi finit le printemps de ma vie;
Il est passé pour ne revenir plus.

Pierre ROULLEAU, coiffeur à Poitiers.

A Monsieur le Directeur des CENT-UN COIFFEURS, à Paris (1).

Honneur aux Cent-Un Coiffeurs,

Et gloire à ses auteurs!

Telle doit être ce me semble Monsieur, la devise qu'ont dû mettre vos amis sur l'égide avec laquelle vous vous couvrez si bien contre la calomnie des méchans , de ces envieux de votre talent, et du renom que vous avez acquis à force de travail; aussi, chacun de vos lecteurs consciencieux, se sentant porté d'admiration se plait-il à l'étendre d'un hémisphère à l'autre; car, vous avez dépassé tous vos prédécesseurs, qui comme vous crurent écrire dans l'intérêt de notre état; aucun de ceux que j'ai lu,(et je crois les avoir lu tous depuis Flaminas qui écrivit sous le règne de Louis xiii) n'a posé de vrais principes de coiffures.

Vous seul avez su nous parler d'harmonie, de caractère, et de l'ensemble qu'il doit y avoir entre telle coiffure et telle physionomie; j'espère pour vous, Monsieur, que vous serez plus heureux que tous ces écrivains, qui furent réduits à voir, comme le pauvre Lucas Declandelle, pour ainsi dire, tous les volumes de la première édition de leurs œuvres mangés aux vers sur les planches encore neuves de la boutique du libraire; honneur leur soit rendu! ils crurent bien faire, mais l'ouvrage n'était qu'à moitié fait; à vous appartenait de le finir, et vous remplissez si bien cette noble tâche que l'amour de votre état vous a imposée , que si tous les amis de notre corporation vous comprenant bien, vous aident de tous leurs moyens, d'idées et de fait, l'ouvrage

(1) L'administration du Cent-Un croit devoir donner de la publicité à cette lettre , son jeune auteur en ayant témoigné le désir.

des Cent-Un coiffeurs, serait infailliblement la base fondamentale de notre état et la source où nos descendans viendront bien souvent chercher les connaissances nécessaires à la confection des modes de leur temps : je me plais à croire que tous nos confrères, à qui vous venez de donner exemple par vos coiffures en dentelles, n'inventeront à l'avenir que des modes de coiffures que les femmes ne pourront exécuter elles-mêmes.

Je pense qu'ils comprendront comme vous, que c'est la seule manière de pouvoir faire regarder les coiffeurs comme des hommes dont on ne peut se passer, pas plus qu'on ne se passe de son docteur.

Je pense aussi, Monsieur, que ce précieux ouvrage, pour être vraiement fini, devra de temps à autre renfermer des leçons de morale, propres à former les jeunes gens qui veulent en tous points être coiffeurs ; car ils ont souvent autant besoin de leçons d'usage que de principes de coiffures. Ce serait une chose précieuse, que d'apprendre en même temps à vos jeunes disciples, le talent, le bon goût et la bonne tenue qu'ils devront observer auprès des personnes chez lesquelles ils seront appellés. Je me permets de vous faire ces réflexions, parce que homme de société et plein d'usage, personne mieux que vous ne peut élever l'échelle des bonnes mœurs dans notre corps ; et chaque jour vous recueillerez le fruit de vos travaux, toujours avec une nouvelle gloire, vous verrez ceux qui auront suivi vos leçons, faire germer dans l'âme des nouveaux prosélites, le désir de s'abonner et de former un rempart autour de notre CENT-UN ; car moi, monsieur, je pense de vous comme le poète arabe Abakad pensait de lui-même, quand il disait à son neveu Akodel : « J'ai eu le bonheur de plaire aux hommes pour lesquels j'ai travaillé toute ma vie, avec tout le désintéressement possible ; j'ai fait grandir la renommée avec la confiance. Aussi, il n'est point de traits aussi perçants qu'ils soient, qui puissent atteindre ma personne ; ces deux divines protectrices qui planent sans cesse au-dessus de moi, m'ont toujours à elles seules servi de murailles inaccessibles aux armes corrompues des lâches, qui emploient ordinairement l'anonyme pour détruire et insulter à la réputation de l'homme qu'ils n'osent attaquer face à face. » J'ai la conviction intime, monsieur, que la confiance guidée par votre renommée, fera faire sinon le tour du monde au CENT-UN, du moins le fera connaître et désirer dans tous les pays du globe où il y a des artistes coiffeurs. Et puis, qui ne voudrait, sans être exposé au blâme, s'associer à vos généreux efforts et à votre bonheur ; car, pour vous le CENT-UN est votre idole, il est jeune, beau, éclatant, précieux dans sa spécialité, être à part à qui vous avez donné un nom et qui n'en est point un.

Harmonie suave qui a son écho dans votre cœur ; celui-là vous le composez des élémens les plus purs de la coiffure, vous lui avez donné une forme un visage ; vous composez pour lui un langage tout exprès que vous seul savez parler, et que tout coiffeur peut comprendre, vous le suivez sur les monts, dans la plaine, sur les mers, dans Paris et les départemens, enfin partout, et quand vous vient un abonnement, vous souriez j'en suis sûr, de bonheur, oh cela se comprend, c'est qu'il est toujours glorieux pour un père, de voir croître son fils, car en commençant cette œuvre, sans assurance de succès, qui vous eût questionné sur ce que vous alliez faire, je vous entends répondre, comme l'ouvrier de Tite-Live. (Labor omnia vincit).

Veuillez, Monsieur, recevoir, etc.

LUDOVIC, coiffeur à Brie.

LA BROSSERIE MÉCANIQUE

CONTREFAITE PAR PIROELLE

Nous avons l'honneur d'informer MM. nos souscripteurs, que par jugement rendu le 19 de ce mois à la 7me chambre de la police correctionnelle de Paris, le Sieur Pirouelle a été condamné pour contrefaçon des brosses capillaires, dites *brosses mécaniques*, à 250 fr. d'amende, 1000 fr. de dommages et intérêts, l'affiche du jugement à 50 exemplaires et à l'insertion dudit jugement dans deux des grands journaux, le tout au profit de M. Croisat, inventeur, lequel (voir les annonces) tout en réduisant de beaucoup le prix de ses brosses, vient d'y apporter des perfectionnemens tels que la vente de Paris, qui est la plus difficile, procure aujourd'hui un débit considérable à l'inventeur.

EAU DESIRABODE.

'Extrait d'un jugement rendu le 22 mars 1836, confirmé par arrêt de la Cour royale de Paris, du 8 avril 1837, contre le sieur Désirabode, dentiste du roi, se disant seul propriétaire de l'eau Désirabode ; autorise M. de Courcy à fabriquer et débiter en concurrence avec le sieur Désirabode, l'eau dentifrice.

L'eau dont M. de Courcy est co-propriétaire est aussi connue par son efficacité, qu'elle est simple par son usage, elle blanchit à l'instant les dents les plus noires, enlève le tartre sur-le-champ et arrête la carrie des dents.

Prix du flacon : 2 francs 50 centimes.

Les personnes qui voudraient faire un objet de spéculation de l'eau Désirabode, trouveront avantage et facilité. M. de Courcy désirant établir dans les principales villes de province des dépôts de son eau Désirabode, désire trouver des personnes qui puissent lui offrir une garantie suffisante de solvabilité.

Les lettres adressées à M. de Courcy doivent arriver *franco*.

Dépôt général rue du Four-Saint-Honoré, 43.

ANNONCES.

Diminution des prix.

——◦◦◦◦◦——

PERFECTIONNEMENT

DE LA

BROSSERIE MÉCANIQUE

INVENTÉE PAR CROISAT, BREVETÉ ,

Rue de l'Odéon, N. 33, à Paris.

Aujourd'hui ces brosses sont en bois et quoique à réservoir, l'extérieur est en tout semblable à celles ordinaires, c'est à dire en palissandre, acajou ou en bois de citronier naturel, sans vernis ni peintures.

Les soies sont en si bonne qualité que tel consommateur qui a une de ces brosses pour se nettoyer la tête à l'eau athénienne, n'en a pas besoin d'autre pour son usage ordinaire, attendu que le robinet n'étant pas ouvert, rien n'en peut sortir. Du reste, c'est un moyen de nettoyer la brosse que de la mouiller de temps en temps avec ce spiritueux.

Brosses à tête.

Nº 1 en bois des îles.	la douzaine.		48 f.
2 id.	id.	id.	42
3 id.	id.	id.	36

Brosses peintes à tête.

N. 4. id.	id.	id.	30
5. Pour bandeaux.		id.	24

Brosses à Dents et à Ongles.

En ivoire.	id.	36
En buffle.	id.	21
En os.	id.	18
Brosses à ongle,	id.	21

Pinceaux Mousseux.

N. 1. Blaireau.	id.	42
2. id.	id.	36
3. id.	id.	30
4. En soie blanche.	id.	21

Eau athénienne pour ôter les pellicules, la livre, 2 f. 50 c. 12 flacons, 12 f.

Huile philotrique liquide la l. 4 f. 12 flac. 7 f. 50

Gelée brillantine   id. 1 id.   6

Eau dentifrice et des fumeurs id. 3   id. 9

Crême d'amendes liquide   id. 2   id. 12 6

FABRIQUE DE MÉTALLIQUES

DE GUSTAVE BOUDON.

Rue St Martin, N. 10. A PARIS.

Ces articles confectionnés avec soin et d'une vente courante, sont offerts à des conditions qui ne redoutent aucune concurrence, savoir :

Métalliques à 2 lames, trav. ouvertes 14 fr. la d.		
id. 2 lam. trav fendues	12	la douz.
id. 1 lam. trav. ouverte oreillers à tempe	10	la douz.
id. 1 lam. or. temp. trav.simp.	8	*id.*
Cintré formant la raie de chair.	24	id.
Métalliques pour bonnets de dames.	7	id.
Id. pour Chapeaux.	6	id.

TEINTURE POUR LES CHEVEUX.

EAU MÉNALOPHILE.

Avouée par la chimie pour teindre les cheveux, favoris et moustaches en noir, blond et châtain, à la minute et sans danger. — Prix : 6 fr. — Madame Louis, rue du Vieux-Colombier, N. 5 à Paris. (Affranchir).
Même maison, rue St-Honoré, 137.

GUILLAUME.

Professeur de coiffure, boulevart des Italiens, N. 22, à l'honneur de prévenir MM. les Coiffeurs qu'on trouve, chez lui seulement, les nouveaux ressorts métalliques *anglais* en acier, pour les tempes et oreillons des perruques. Ces ressorts qui sont d'une légèreté excessive et qui peuvent se comber au moindre coup de pouce sans se casser, ont un petit anneau à chaque bout qui sert à les fixer, sans qu'en aucun cas, le ruban puisse être crevé; il vient d'en recevoir de nouveaux qui sont admirables pour tendre les raies de chair. Perruques et toupets d'hommes comme aussi des Ninons, cache-folies et tours; on trouve aussi dans son magasin des portes-touffes perfectionnés.

FABRIQUE D'IMPLANTÉS DE Mme DESHAIÉ.

Rue de la Grande-Truanderie, n. 13, A PARIS.

Madame DESHAYE qu'honorent de leur confiance MM. les premiers coiffeurs de Paris, fait savoir qu'ayant fait une étude spéciale des diverses teintes de cuirs chevelus, elle établit les perruques chauves, les Tonsures, les Barbes, et généralement tous les ouvrages pour théâtre, de manière à jouer le naturel, à l'égard des raies de chair et des finitions, les prix varient selon leur largeur, mais quels que soient les ouvrages dont on peut avoir besoin, on peut être assuré que faits par elle, ils sont toujours solides et légers. (Affranchir)

IMPRIMERIE DE MOESSARD ET JOUSSET, RUE FURSTEMBERG, 8.

LES CENT-UN

On souscrit à la Direction, rue de l'Odéon, 33.

1-Toilette de Mariée du matin; pose de voile à l'espagnole — 2-Toilette de Mariée pour le soir, Coiffures exécutées par Croisat.
3-Turban coudé par Trinité Secrétaire de l'Acad.⁰ de Coiffure — 4-Coiffure par L. Peguy, de Montpellier, élève de Croisat.

41ᵉ LIVRAISON.

MODES

ET

DESCRIPTION DES COIFFURES.

> Que sur des épaules d'albâtre,
> La tresse parfumée, la frisure et la fleur
> Se laissent mollement abattre,
> Et la grâce à l'instant s'unit à la douceur.

Tel est l'arrêt que la mode semble avoir signifié aux coiffeurs cet hiver, et ceux-ci, en gens dociles, nouant les cheveux au bas de l'occiput, ont tous fait à qui coifferait le plus bas ; c'est au point qu'on a été obligé d'abandonner les rubans de cheveux pour les tresses, vu le frottement continuel de la coiffure avec le cou. En effet, les lisses s'ébourriffent de suite, à moins qu'ils ne soient détachés de la tête, chose que la mode n'admet pas ; car à l'arrêt du *Dieu*, il est ajouté que : *les coiffures devront être larges et plattes.*

Mais, de même qu'il est des hommes qui se révoltent contre les volontés du créateur, et qu'il en est aussi qui s'insurgent contre les rois de la terre, il s'est trouvé à Paris quelques femmes assez Jacobines pour vouloir se tordre la chevelure en casque, et nouvelles Minerves, faire avec des choux élevés, de l'opposition en plein salon...... Insensées, vous croyez que vos fourchettes d'écailles résisteraient à nos riches poignards ? que vos boucles à la neige tiendraient aussi bien que nos bandeaux bombés ? disait l'autre soir une jeune déesse à une espèce de douarière aux cheveux blonds et jaspés. Allez, allez faire tapisserie, madame, là seulement votre coiffure sera supportable. Et la dame révolutionnaire, endossant son bournous, faisant la plus vilaine des grimaces, fut s'asseoir sur une banquette, et jura de ne plus jamais danser de contredanse que la coiffure ne fût redevenue plus raisonnable et surtout de meilleur goût.

N. 1.—Coiffure de mariée ; par **CROISAT**.

Le voile posé à l'Espagnole, couvrant le milieu de la tête, il est nécessaire de faire son chou dans le bas de la fossette du cou ; pour cela, le genre n'y fait rien : tresses, cordes, lisses ou rouleaux, tout est bon, pourvu que la coiffure soit dans la forme du numéro 2, ou bien du numéro 4, quoique le derrière de la tête du numéro 2, soit celui que je fis dans la coiffure du matin d'une jeune mariée, pour qui je fis cette composition, et dont je pris le croquis pen-

dant que la couturière faisait les ajustages que nécessite la toilette de mariage
d'une jeune personne, qui ne souffre rien d'imparfait dans ses atours. Il y a
dans cette pose de voile et de chapeau une touche qui sort tout-à-fait de
l'ordinaire. D'habitude, le coiffeur s'attache à plisser le voile et à le poser
avec symétrie ; ici, c'est tout uniquement un jeté de broderie que la branche
d'oranger fixe sur le côté droit de la tête, et une masse de plis naturels qui se
jette à la gauche, où elle cache, en passant, la tige de la rose placée à cet en-
droit, et s'en va gracieusement couvrir le bouquet de côté, dont la place est
immuable. Dans cette toilette, deux liserés bordent les poignets des manches
et des épaulettes, et en bas de la jupe il y en a trois, qui sont d'une dimension
double.

N. 2.—Coiffure par le même.

La toilette du soir d'une mariée différant toujours de celle du matin ; une
guirlande de Bâton a dû remplacer le voile et la rose. Quant au chou, n'ayant
point été délissé, je n'ai eu qu'à le relustrer avec de la bandeauline, et puis la
fiancée, dont les conversations animées du dîner avaient dissipé l'émotion
de la cérémonie religieuse, cette jeune vierge, dans les yeux de laquelle on
découvre le bonheur et le désir, la nouvelle femme enfin revêt une robe de
de crêpe, garnie de deux rangs de crêvés, endosse un gracieux bournous et
prend en partant pour le bal où l'on n'attend qu'elle pour ouvrir la danse,
un superbe bouquet naturel, dont le bienheureux époux lui avait ménagé la
surprise.

Des acclamations se font entendre, et les sons du cornet à piston m'avertis-
sent que nos époux s'enlacent tendrement dans les passes d'une chaîne anglaise ; le boudoir est devenu calme et solitaire. Aussi, vais-je prendre la
plume pour achever de décrire ma coiffure de ce matin.—Les cheveux sont
noués aussi bas que possible, et divisés en trois parties ; ils forment deux
tresses à quatre branches, et au milieu une mèche lisse peu épaisse.

Ladite mèche lisse, rabattue dans le creux de la fossette est retroussée sur
le cordon, où elle forme une coque d'emplissage ; ensuite la tresse de gauche
est retroussée, une épingle est piquée à la hauteur de la coque, et avec l'excédent de la tresse on forme un second étage, et le bout va se perdre sur le devant de la coque-coussin.

Le côté droit se fait de la même manière ; c'est-à-dire, que la première
masse est lancée sur le col, et que la seconde, dont le bout va se perdre sous la
coque, suit un mouvement ascendant.

N. 3.—Turban par **TRINITÉ**, secrétaire de l'Académie de coiffure.

Le turban est un genre de coiffure qui ne souffre point la médiocrité ; il
n'en est pas de lui comme de la coiffure en cheveux où la propreté tient souvent lieu d'ensemble. Avec le turban, il n'y a pas de milieu, ou c'est beau, ou
bien c'est ridicule. Je sais bien que la mode a ses convenances, et que tel turban qui plaît aujourd'hui sera mis de côté dans dix ans ; eh bien, c'est égal, il
y a dans ce travail un cachet qui n'est pas toujours nécessaire dans celui des
cheveux.

Disons un mot sur l'exécution de ma coiffure : D'abord, il faut soigner
l'arrangement des cheveux et faire des tresses à grosses mèches, en trois, au-

tant que possible ; ensuite vous prenez deux aunes d'étoffes, vous en fixez le bout sur la tempe gauche et vous allez la porter à la droite. Là, vous formez une longue torsade que vous entourez d'une ganse d'or ; et si l'étoffe manque de soutien, vous la roulez sur une mousseline empesée ou sur du papier Joseph. Cela fait, vous formez votre coude de droite que vous arrêtez derrière la tresse, et autant que possible sur un petit peigne placé à l'avance ; de là vous couronnez le sommet de la tête, vous allez vous fixer sur la tresse de gauche, vous formez votre second coude, et puis vous terminez par un petit bavolet serré.

N. 4.—Coiffure par **L. SEGUY,** de Montpellier, élève de Croisat.

Une couronne à la Berthe, dont une branche couvre l'occiput, est enlacée dans des *lisses-rubans ;* puis je prends le milieu de deux aunes de Malines, à broderie légère, je forme mon bavolet et l'excédent s'en va envelopper les berthes, ce qui accompagne parfaitement une figure longue, surtout si le coiffage du devant est en bandeaux lisses.

PRÉCIS DE CRANIOSCOPIE,

D'APRÈS LE SYSTÈME

DU DOCTEUR GALL ;

PAR CROISAT.

Depuis que le célèbre phrénologiste mit au jour les découvertes qu'il fit dans le système nerveux, siège de la sensibilité, et qu'il établit, soit dans des cours qui furent très suivis, soit dans des écrits qu'il publia, l'influence de ce système sur le cerveau, qu'il signala avec tant de précision les divers organes (bosses et protubérances), au moyen desquels on juge les facultés de l'homme. En dépit de ses antagonistes et même du jugement que Napoléon porta sur son travail, Gall, ce grand observateur des fonctions du cerveau et des facultés humaines, est aujourd'hui lu et étudié par les plus savans médecins, les modeleurs et les statuaires.

M'étant aperçu que des connaissances en cranioscopie étaient indispensables pour pouvoir juger non-seulement des facultés, mais encore de la forme de la tête ; que l'œil exercé à l'étude des différentes conformations, distinguait plus facilement qu'un autre les beautés ou les défauts de constructions, j'ai dessiné des têtes d'après Gall, et je viens les offrir à **MM.** les souscripteurs, persuadé qu'ils seront bien aises de pouvoir donner leurs opinions quand on la leur demandera, sur certaines têtes, ainsi que cela arrive souvent.

Avant de commencer cette instruction, je crois utile, cependant, de donner un conseil à mes souscripteurs : c'est de prendre bien des ménagemens pour signaler certains organes, parce que tel individu qui vous prie de lui dire qu'elles sont ses bosses, ferait une vilaine grimace, si vous lui disiez, par exemple, qu'il a celle du crime, celle de l'idiotisme, ou tout autre qui dénote une tendance funeste, ou bien une disposition qu'on ne saurait avouer, (sans rougir) une femme surtout.

Je ferai précéder la dénomination et la description des formes extérieures des organes d'un aperçu des mesures des divers degrés d'intelligence, distinctions fort importantes; car, avant de s'occuper des détails que contient la tête d'un individu, pour porter un jugement qui soit le plus près possible de la vérité, il est indispensable de se former une idée de sa capacité. A cet effet, j'invoquerai l'opinion que le docteur Fossati a émise dans son Traité de Cranioscopie, 3ᵉ édition. Traité qu'il fit après avoir cultivé les leçons de Gall lui-même.

« Pour juger des facultés d'un individu quelconque, on ne doit pas chercher »d'abord des bosses et des protubérances, mais s'attacher à reconnaître la ca- »pacité du crâne, les formes générales de la tête, le développement du front »et celui de la nuque, et enfin celui des organes particuliers. Ainsi, pour ne »point confondre la capacité du crâne avec la grosseur de la tête, deux cho- »ses bien distinctes, on imaginera un plan passant par la racine du nez, les »sourcils et les trous auditifs, lequel, séparant la face et les deux mâchoires »de la partie supérieure de la tête, qui constitue essentiellement le crâne, »donnera une première idée de la masse cérébrale qu'il contient. En second »lieu, on mesurera par aperçu, ou en l'enveloppant avec un fil dans sa partie »la plus proéminente, le contour de la tête à la hauteur des sourcils, pour »avoir sa *circonférence ;* on détermine de même sa *périsphérie ;* c'est-à-dire son »développement, depuis la racine du nez jusqu'à la fossette du cou, en suivant »la ligne médiane. Si on trouve, par exemple, pour la première mesure, une »circonférence de 11 à 13 pouces, et pour la seconde une périsphérie de 8 à »9 pouces; on peut conclure qu'une semblable tête ne contient guère que »1/4, 1/5 ou même 1/6 de la masse cérébrale d'un adulte bien constitué, et »qu'avec un aussi petit cerveau, l'exercice entier des facultés intellectuelles »est toujours impossible ; si on trouve, au contraire, 14 à 17 pouces de cir- »conférence, et 11 à 12 pouces de périsphérie, la masse cérébrale est à peu »près moitié de celles des plus fortes têtes, néanmoins alors, il existe encore »une incapacité plus ou moins complète ; une stupidité plus ou moins pro- »noncée, des sentimens vagues, des passions passagères, une marche irrégu- »lière dans les idées, des instincts aveugles ou presque nuls. Ainsi, il faut ar- »river aux têtes de 18 à 20 pouces de circonférence, et de 13 à 14 de »périsphérie, pour rencontrer un exercice régulier des facultés intellec- »tuelles ; encore les têtes de 18 pouces, même de 19, ne comportent qu'une »triste médiocrité, un esprit servilement imitateur ; la crédulité, la supersti- »tion, et ce genre de sensibilité qui pour un rien est au comble de la joie ou »dans les larmes. Cependant, avec ce développement, on rencontre parfois »des facultés très distinguées, parce que quelques organes peuvent déjà être »développés à un très haut degré, ainsi que cela se rencontre même chez les.

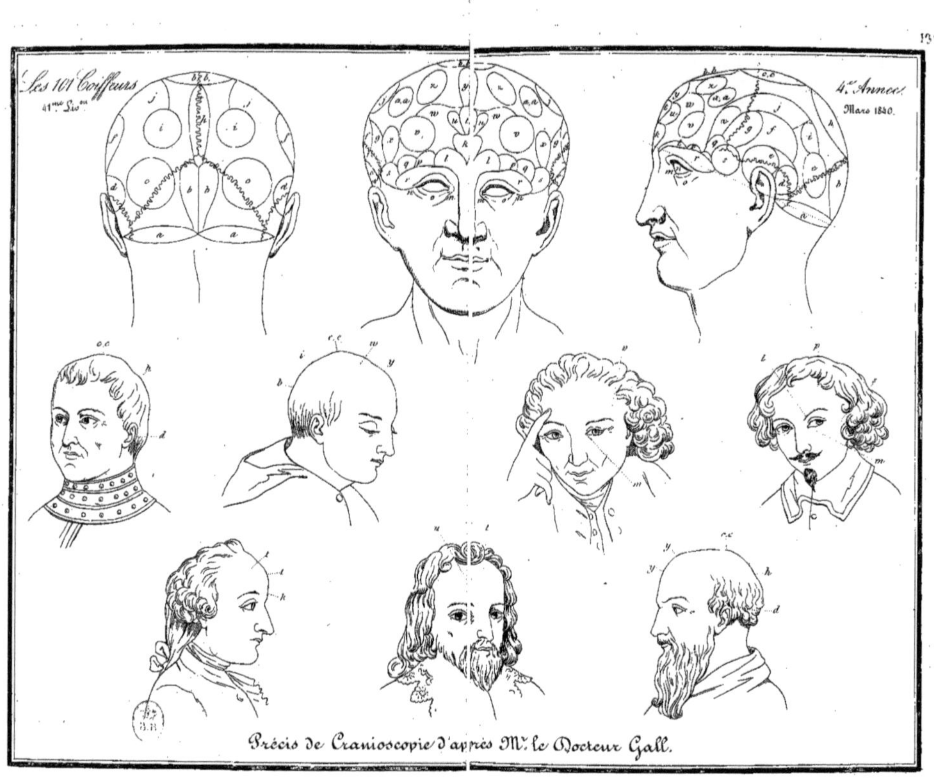

Précis de Cranioscopie d'après M.r le Docteur Gall.

»enfants en bas âge ; ce sont là de ces personnes qui offrent le contraste frap-
»pant d'une faculté très développée et d'une inconcevable médiocrité sur
»toutes les autres. Enfin, à mesure qu'on s'élève et qu'on rencontre des cer-
»veaux plus considérables, on voit prendre aux facultés intellectuelles plus
»d'étendue et d'énergie, jusqu'à ce qu'on arrive aux têtes de 21 à 22 pouces
»de circonférence et d'environ 15 pouces de périsphérie, et qui sont le terme
»où l'homme est parvenu au plus haut degré que puisse atteindre l'intelli-
»gence humaine. Tels sont les rapports que M. Gall dit exister entre les déve-
»loppemens successifs du cerveau et les degrés d'intelligence qui remplissent
»l'espace compris depuis la stupidité la plus absolue et le génie le plus uni-
»versel. D'ailleurs, cet exposé, fondé sur des observations nombreuses, pré-
»vient une foule de méprises et des difficultés élevées contre sa doctrine, et
»donne aux observations ultérieures un degré de probabilités qu'elles n'eus-
»sent pas atteint sans lui. »

Le lecteur après avoir parfaitement étudié les diverses proportions des
masses, se livrera à l'étude des organes particuliers ; pour que ce travail lui
soit facile, je conseillerai de prendre la tête du tableau qui se présente par
derrière, pour apprendre à connaître la forme des organes A B C H I J, ainsi
que la place qu'ils occupent. Pour l'étude des protubérances D E F G, et
cc, on prendra celle qui se voit de profil, et pour les bosses K L M N O P
Q R S T U V W X Y Z ; aa, bb, celle qui est posée de face. Je ferai observer
que les sutures (sortes de sutures qui réunissent les parties osseuses du
crâne, et qu'on remarque traversant les protubérances en divers sens) n'ont
aucun rapport avec celles-ci : je ne les ai rendues visibles que pour rendre
plus sensibles les limites de la bosse frontale, des pariétiaux et de l'occiput,
ainsi que des temporaux.

Dénominations des organes d'après les docteurs Gall et Fossati.

A.   « Organe de la reproduction ; instinct de la génération ou de la propa-
»gation ; penchant vénérien ; amour physique ; énergie générative.
»Le cervelet est le siège de cet organe qui, très développé, forme deux
»proéminences, une de chaque côté et au-dessus de la fossette du cou,
»alors la nuque est large, le cou arrondi et les oreilles très éloignées.
»Lorsque cet organe agit avec une certaine force, la tête et le corps sont
»fortement tirés en arrière, tout le système érectile, les attitudes comme
»les mouvemens, annoncent l'espèce de délire dont l'individu est at-
»teint.

B.   »Amour de la progéniture ; organe de la maternité ; (philogénésie) ;
»amour maternel ; amour des enfants et des petits ; (philogéniture.)
»Cet organe est placé immédiatement au-dessus du précédent, de cha-
»que côté de la ligne médiane ; lorsqu'il est très développé, il en résulte
»un avancement qui fait saillie sur les bosses occipitales.
»La mimique de cet organe est plus calme que celle du précédent ; elle
»consiste ordinairement dans des soins particuliers, dans de tendres ca-
»resses et des actes de bienveillance.

C.   »Organe de l'attachement et de l'amitié ; sens des sympathies ; dispo-
»sitions à contracter certaines manies ; (sensibilité) ; (nostalgie).

» Le siége de cet organe se trouve à la hauteur et en dehors de celui de
» la maternité ; comme lui, et celui de la propagation, il est double, et
» forme une protubérance de chaque côté de la tête.

» Lorsque cet organe est fortement en action, la tête et le corps sont lé-
» gèrement inclinés de côté et en arrière ; les anciens paraissent avoir senti
» et rendu cette circonstance dans le beau groupe de Castor et Pollux,
» que l'on regarde comme l'expression accomplie de l'amitié la plus
» tendre.

D. » Instinct de la défense de soi-même et de celle de sa propriété ; organe
» du courage ; penchant aux rixes et aux combats ; (ombrageux). Selon
» M. Gall, tous les querelleurs ont la tête immédiatement derrière et au
» niveau des oreilles, beaucoup plus bombée et plus large que les pol-
» trons.

» Dans l'action de cet organe, le corps est ramassé, les jambes un peu
» écartées, les bras retirés en arrière, les poings fermés et les yeux mena-
» çans ; l'adversaire, le poltron, au contraire, gratte son oreille, comme
» pour exciter son organe.

E. » Instinct carnassier ; cruauté ; barbarie ; penchant sanguinaire ; pen-
» chant au meurtre ; instinct de la destruction ; incendiaire ; (insensi-
» bilité.)

» Dans la région temporo-pariétale, immédiatement au-dessus et derrière
» le méat, ou trou auditif, est la proéminence de cet organe, adjacent
» à l'oreille.

» La mimique de cet organe a beaucoup de rapport avec celle du pré-
» cédent : tout le corps est dans une extrême tension, en rapport avec les
» sentiments internes qu'éprouve l'individu. Tous les mouvemens sont
» brusques et les yeux étincelans épient la victime.

F. » Organe de la ruse , de la finesse et du savoir-faire ; instinct à cacher ;
» esprit d'intrigue ; dissimulation ; mensonge ; fausseté ; (argutie).

» L'organe de la ruse est un peu en avant et au-dessus de celui de la
» destruction ; il est de forme allongée, et rend la tête plus large au-dessus
» des tempes.

» Les mouvements de l'homme rusé portent l'empreinte du mystère ; il
» glisse et marche à pas de loup ; regardant d'un œil circonspect autour de
» lui, et désignant déjà de l'un de ses doigts la dupe qu'il va faire. Le
» chat dans ses yeux et les animaux qui guettent en sont autant des
» preuves.

G. Instinct de faire des provisions ; sentiment de la propriété ; convoitise,
» penchant au vol ; larcins ; chiperies ; usure. (Notions du mien et du
» tien.)

» Cet organe s'étend depuis celui de la ruse jusqu'à peu de distance du
» bord externe de l'arcade supérieure de l'orbite ou sourcil.

» C'est surtout dans l'avare que l'on peut bien reconnaître la mimique
» de cet instinct ; ordinairement la tête est portée en avant, les bras ten-
» dus et la main ouverte comme pour recevoir, et tantôt demi-fermée,
» comme pour retenir ce qu'il donne.

H. » Organe des hauteurs, penchant à s'élever ; instinct d'habiter certains
» lieux ; amour de l'autorité ; orgueil ; hauteur ; fierté ; domination.

» Le siége de cet instinct se trouve sur la ligne médiane, ou du milieu

»de la tête, en allant de la racine du nez à la nuque, un peu au-dessous et
»derrière le sommet de la tête.

»La mimique de l'orgueil n'est point équivoque, personne ne s'y mé-
»prend ; l'homme mu par ce sentiment se rengorge, porte la tête haute ;
»tantôt les bras en avant comme pour commander, tantôt élevés ainsi
»que les yeux, comme pour annoncer sa suffisance et son mépris pour les
»autres.

I.   »Amour de l'approbation, de la gloire et des distinctions ; ambition ;
»vanité ; point d'honneur ; coquetterie ; ostentation ; émulation ; jalousie.
»De chaque côté de la protubérance allongée qui forme l'organe précé-
»dent, se trouvent les bosses de la vanité qui, très développées, donnent
»à la tête beaucoup d'ampleur par derrière.

»L'homme vain porte les yeux de côté et d'autres pour voir si l'on re-
»marque sa démarche et l'élégance de ses habits ; il coupe l'air de ses
»gestes et se présente partout en se balançant et d'un air avantageux ; mais
»cette mimique est encore plus prononcée chez la coquette.

J.   »Circonspection ; prévoyance ; caractère réfléchi ; disposition à calculer
»les chanches des événemens ; inquiétude ; crainte ; irrésolution.
»Cet organe comme tous ceux qui sont situés hors de la ligne médiane,
»présente une double élévation, dont une de chaque côté de la tête ; vers
»le milieu des pariétaux, et forme au-dessus, en arrière de celui de la
»ruse, une large protubérance.

»La circonspection paraît généralement plus développée dans les fe-
»melles que dans l'autre sexe, et chez les animaux faibles et timides que
»chez ceux qui sont courageux ; l'individu inquiet relève le corps, porte
»la tête à droite et à gauche, et assure sa marche par une foule de pré-
»cautions.

K.   »Sens des choses ; mémoire des faits ; éducabilité ; perfectibilité ; cu-
»riosité ; docilité. (Disposition à perfectionner l'action des organes.)
»Cet organe est formé d'une proéminence qui, en partant de la racine
»du nez, s'allonge jusque vers le milieu du front, et va en s'élargissant
»de chaque côté de la ligne médiane entre les sourcils.

»La mimique de cet organe est peu sensible à l'extérieur ; elle réside
»principalement dans une certaine tension de tête, et dans une attitude
»particulière à scruter les objets qui s'offrent à nos observations et à mé-
»diter ensuite sur leurs effets.

L.   »Sens de localités ou des rapports de l'espace ; désir de voyage ; cos-
»mopolisme ; mémoire des lieux ; arrangement des choses.
»Le siége de cette disposition est situé un peu au-dessus des arcades
»sourcillères, ou sourcils plus ou moins rapprochés de la ligne médiane ou
»rejet sur le côté du front.

»L'homme qui cherche son chemin, porte ordinairement le doigt indi-
»cateur devant ses yeux, le bout appuyé sur l'organe et repassant dans
»son esprit les issues qu'il cherche, la situation des lieux s'indique par les
»mouvemens des bras et des mains.

(La suite au prochain numéro.)

ANNONCES.

Diminution des prix.

PERFECTIONNEMENT

DE LA

BROSSERIE MÉCANIQUE

INVENTÉE PAR CROISAT, BREVETÉ ,

Rue de l'Odéon, N. 33, à Paris.

Aujourd'hui ces brosses sont en bois et quoique à réservoir, l'extérieur est en tout semblable à celles ordinaires, c'est à dire en palissandre, acajou ou en bois de citronier naturel, sans vernis ni peintures.

Les soies sont en si bonne qualité que tel consommateur qui a une de ces brosses pour se nettoyer la tête à l'eau athénienne, n'en a pas besoin d'autre pour son usage ordinaire, attendu que le robinet n'étant pas ouvert, rien n'en peut sortir. Du reste, c'est un moyen de nettoyer la brosse que de la mouiller de temps en temps avec ce spiritueux.

Brosses à tête.

Nº 1 en bois des îles.   la douzaine. 48 f.
   2   id.   id.   id. 42
   3   id.   id.   id. 36

Brosses peintes à tête.

N. 4. id.   id.   id. 30
   5. Pour bandeaux.   id. 24

Brosses à Dents et à Ongles.

A dents, en ivoire.   id. 36
  Id.   en buffle.   id. 21
  Id.   en os.   id. 18
Brosses à ongle,   id. 24

Pinceaux Mousseux.

N. 1. Blaireau.   id. 42
  2.   id.   id. 36
  3.   id.   id. 33
  4. En soie blanche.   id. 24

Eau athénienne pour ôter les pellicules,
  la livre,   2 f. 50 c. 12 flacons, 12 f.
Huile philotrique-liquide la iv 4 f. 12 id. 7 50
Gelée brillantine   id. 1   id. 6
Eau dentifrice et des fumeurs id. 3   id. 9
Crême d'amendes liquide id. 2   id. 12 6

FABRIQUE DE MÉTALLIQUES

DE GUSTAVE BOUDON.

Rue St-Martin, N. 10. A PARIS.

Ces articles confectionnés avec soin et d'une vente courante, sont offerts à des conditions qui ne redoutent aucune concurrence, savoir :
Métalliques à 2 lames, trav. ouvertes 14 fr. la d.
    id.   2 lam. trav. fendues 12 la douz.
    id.   1 lam. trav. ouverte
                oreillers à tempe 10 la douz.
    id. 1 lam. or. temp. trav. simp. 8   *id.*
Cintré formant la raie de chair.   24 id.
Métalliques pour bonnets de dames. 7 id.
  Id.   pour Chapeaux.   6 id.

TEINTURE POUR LES CHEVEUX.

EAU MÉNALOPHILE.

Avouée par la chimie pour teindre les cheveux, favoris et moustaches en noir, blond et châtain, à la minute et sans danger. — Prix : 6 fr. — Madame Louis, rue du Vieux-Colombier, N. 5, à Paris. (Affranchir).
Même maison, rue St-Honoré, 137.

GUILLAUME.

Professeur de coiffure, boulevart des Italiens, N. 22, à l'honneur de prévenir MM. les Coiffeurs qu'on trouve, chez lui seulement, les nouveaux ressorts métalliques *anglais* en acier, pour les tempes et oreillons des perruques. Ces ressorts qui sont d'une légèreté excessive et qui peuvent se courber au moindre coup de pouce sans se casser, ont un petit anneau à chaque bout qui sert à les fixer, sans qu'en aucun cas, le ruban puisse être crevé ; il vient d'en recevoir de nouveaux qui sont admirables pour tendre les raies de chair. Perruques et toupets d'hommes comme aussi des Ninons, cache-folies et tours ; on trouve aussi dans son magasin des portes-touffes perfectionnés.

IMPRIMERIE DE MOESSARD ET JOUSSET, RUE FURSTEMBERG, 8.

1 — Jetté de voile par Croisat.
2 — Coiffure à l'antique par Gaudereau.
    Robe de Longchamps.

LES CENT-UN

On souscrit à la Direction, rue de l'Odéon, 33.
Prix : Paris, 10ᶠ. Province, 11ᶠ. Étranger, 12ᶠ.

3 — Turban coupé par Olivier.
4 — Jetté de dentelle par A. Chéreau fils.
5 — Coiffure de Mariée par Caget.

42e **LIVRAISON.**

DESCRIPTION DES COIFFURES.

N° 1. Par **CROISAT**.

Dans cette planche, où sont représentées une mariée encore parée de son écharpe et quatre jeunes femmes en toilette de *déjeuner-dinatoire*, j'ai voulu pour ma part, participer à la composition du sujet par une pose de voile coupé d'une branche de lilas ainsi qu'en portent les dames du bon ton, soit pour ces sortes de cérémonies, soit pour aller aux Bouffes ou à l'Opéra.

Ce jeté, voici comment il est : On fait d'abord son chou de coques et pour cela il n'y a rien de fixe, c'est quatre, c'est cinq masses selon qu'il y a des cheveux, et puis viennent les tresses qui encadrent le visage à la suite de bandeaux ceintrés. Le fond de la coiffure étant ainsi préparé, je prends mon voile par le milieu et en biais, je le plisse de manière à rapprocher les deux extrémités de la broderie et je le pose à plat sur la tête tout comme on pose une fanchon. La branche de lilas se place en dernier lieu.

Dans cette pose de voile il n'y a rien de plus facile, cependant il faut avoir un certain tact pour distribuer convenablement ces broderies et former des plis ainsi que des ondulations qui soient apprêtés sans raideur.

N 2. Par **GAUDEREAU** , Rue Neuve Saint-Eustache, 45.

Une couronne à la Cérès placée sur le milieu de la tête va s'enlacer avec les *bandeaux-coques* qui ornent les tempes et où des boucles d'or ajoutent à l'éclat des fleurs; par derrière c'est une demi-couronne de fleurs pareilles qui entoure ma grecque, coiffure qui se compose de trois lisses gommés entrecoupés de boucles d'or et de deux tresses circassiennes qui détachent les lisses les uns des autres et dont on peut juger de l'ensemble par le côté que nous apercevons. Je ferai observer que pour passer les cheveux dans les boucles il ne faut pas que celles-ci aient aucun ardillon et il faut que les mêches forment rubans de cheveux.

N. 3. Par **OLIVIER**, rue du Faubourg Saint-Honoré, 125.

La saison est un peu avancée, sans doute, pour que les dames se couvrent la tête de velours et de bijoux. Mais à la veille du mariage d'un de nos princes, au moment où couturières, jouailliers, plumassiers et fleuristes reçoivent des commandes considérables de riches atours, le coiffeur ne doit pas rester en arrière et c'est pour cela que je viens offrir un modèle de coiffure que je crois digne de figurer sous des lambris dorés.

Ceci est un turban composé de trois quarts de velours cerise, d'une aune et demie de dentelle d'Angleterre, d'une aigrette d'épis de fleurs d'or qui se mêlent aux touffes et de cinq coques lisses. Les coques se font à volonté, mais le velours, on doit l'attacher par le coin au côté de la coiffure, le plisser et le garnir de dentelles, après on en entoure le pied du chou, puis on couronne le devant de la tête sur le milieu duquel se posent les épis de diamans.

Cette coiffure essentiellement noble s'adresse aux femmes ayant le visage plein et les traits réguliers.

N. 4. Par **CHEREAU** (de Châteaudun).

Que l'on noue les cheveux un peu bas, qu'on fixe un rouleau de trente pouces sur le lien, que l'on couvre le rouleau de cheveux d'un fil d'or et qu'on dirige de chaque coté de la tête les bouts dudit rouleau et l'on obtiendra le fond de cette coiffure moderne où deux aunes de dentelle jouent le rôle principal.

La coiffure étant d'une facile exécution, je ne signalerai que le chapelet qu'on voit flotter sur le col et qu'on ne pourrait imiter si on n'avait pas le soin de se munir à l'avance de ce qu'on a appelé un rouleau perlé.

N. 5. Par **CAGET**, rue du Faubourg Saint-Denis, 106.

Au-dessus de mon cordon, s'élève un soleil composé d'une tresse *circassienne*, d'une torsade et d'un rang de perles cousu par dessus. Au centre de ce soleil, il y a une ouverture de six lignes, et c'est par cette lunette que les mèches ramenées en avant, en passant par les côtés, viennent fournir les quatre coques qui garnissent le chou. Le rouleau qui flotte sur la fossette est fait avec le restant de la torsade de couronnement et le chapeau de fleur d'oranger se pose sur le cordon entre les coques et le soleil.

Ce travail étant fini, je fais mes touffes en demi-anglaises; je passe deux roses, une se mêlant à la touffe gauche, et l'autre s'alliant par la droite avec le chou, et je couronne mon œuvre par la pose de l'écharpe qui, plissée et fixée sur le devant et au pied de la torsade, donne une bouffante légère de chaque côté.

LONGCHAMPS.

Un ciel d'azur et le soleil le plus étincelant conviaient à la promenade les citadins de tous rangs, pendant les trois jours consacrés à la mode. Aussi la foule se pressait-elle aux Champs-Elysées et sur les boulevarts ; les équipages coquets de Paris, les beaux cavaliers, voire les destriers de louage, se perdaient-ils dans les nuages de poussière qui obscurcissaient l'horison depuis la place de la Concorde jusqu'au lieu de l'antique chapelle.

Que de toilettes riantes et que de luxe, on a pu remarquer parmi cet essaim de jeunes femmes que renfermaient les voitures découvertes qui suivaient le milieu de la chaussée des Champs-Elysées. Là, une écharpe écossaise couvre un sein d'albâtre qui se perd sous une robe de mousseline ou de poil de chèvre; ici un cachmire blanc est jeté négligemment sur une robe de velours, à manches mi-longues. Plus loin (c'est une réminiscence du règne de la Dubary), se montrent des *engageantes*, sorte de manches mi-longues, à sabots flottants, et qui exigent des gants montants jusqu'à mi-bras.

Nous devons mentionner aussi les canezous de velours noir, qui semblent avoir été adoptés généralement par les dames anglaises, ce dont nous les félicitons, car ce moëlleux tissu vient ajouter encore à la blancheur de leur teint.

A cette brillante solemnité, les beaux de Paris, ce qu'on appelle les Lions, les gants jaunes avaient tous une coiffure demi-longue, à masses rentrées et la barbe taillée ainsi que nous l'avons indiqué dans la 39e livraison, et leurs chapeaux, hauts du ballon, avaient les bords étroits et relevés.

Quant aux habits, aux redingotes et aux pantalons, leur aspect n'a nullement changé. Le premier a toujours les basques carrées et le collet très-petit. Le second est court de jupe, n'a qu'un seul rang de boutons et a aussi le collet très-petit; le troisième est toujours demi-collant, il forme la mi-guêtre et se boutonne par devant comme par le passé. La cravate est le seul article de la toilette des hommes qui ait éprouvé du changement. Ce n'est pas le noir qui domine aujourd'hui, c'est la raie de couleur sur fonds uni. Aussi les pois et les bouquets sont en baisse chez les *Boivin* et les *Lami-Housset*.

Nous ne passerons pas sous silence une nouvelle coiffure d'amazone qui a fixé tous les regards à longchamps. Coiffure, qui du reste ne sied pas aussi bien aux femmes que le petit chapeau rond, c'est la casquette pointue du moyen âge; cette coiffure qui s'ailliait si bien avec les poulaines et qu'on nomme, depuis que l'on joue la Tour de Nesle, coiffure à la *Buridan.*

Nous qui par état sommes à même d'apprécier tout ce qui couvre le chef, nous dirons, dans l'intérêt d'un sexe dont nous admirons et défendons les attraits, que la Buridan avance trop sur le visage; qu'elle découvre trop le derrière de la tête, vu l'absence de boucles flottantes, et que, vue de face, elle manque d'ampleur par rapport au costume de cheval qui est toujours d'une prodigieuse dimension : C'est donc à tort que messieurs les chapeliers ont voulu ravir cette coiffure aux hommes, car à eux seulement, c'est-à-dire à ceux qui ont de longs cheveux et une *barbiche*, la Buridan peut convenir.

PRÉCIS DE CRANIOSCOPIE ,

D'APRÈS LE SYSTÈME

DU DOCTEUR GALL;

PAR CROISAT.

(Suite. Voir la 41ᵉ livraison.)

M.   »Mémoires des personnes ; faculté de les reconnaître aisément et d'en
»conserver le souvenir. (Sens des formes ; configuration.)

     »Des yeux de forme quelconque, mais dont l'angle interne s'abaisse un
»peu, sont le signe extérieur qui annonce cette disposition.

     »Lorsque quelqu'un cherche un nom qui lui échappe, ses yeux se fixent
»et s'élèvent, une certaine tension se fait sentir dans la région de l'organe;
»et le plus souvent il porte la main sur les sourcils , les presse, se frotte la
»partie inférieure du front, comme pour stimuler l'organe.

N.   »Sens des mots ; mémoire verbale ; facilité prodigieuse à retenir des
»noms et des signes ; disposition à parler ; loquacité. (Babil, verbosité.)

     »Des yeux grands et à fleur de tête, et dont la commissure externe des
»paupières et le bulbe de l'œil se trouvent un peu rejetés en dehors, sont
»l'indice de la faculté dont il est ici question.

     »La mimique de cet organe est peu prononcée, ou plutôt elle est calme
»et presque interne, comme celle de la plupart des facultés intellec-
»tuelles. Cependant, si on observe un orateur qui improvise ou qui cher-
»che des mots qui lui échappent, on voit l'organe devenir un centre
d'efforts.

O.   »Sens du langage ; talent de la philologie ; disposition à saisir l'esprit
»des langues ; faculté d'en apprendre plusieurs. (Polyglotisme.)

     »Lorsque les yeux sont à la fois grands, à fleur de tête et déprimés vers
»le bas, offrant ce qu'on nomme des yeux *pochetés*. Ils sont le signe d'une
»aptitude particulière, très propre à l'étude des langues.

     »La mimique de cette dernière sorte de mémoire, comme celle des pré-
»cédentes, est essentiellement intérieure, et réside dans une certaine im-
»mobilité des diverses parties du corps et une forte tension de l'organe.

P.   »Sens des rapports des couleurs; talent de la peinture ; coloris; harmo-
»nie, ou sentiment des couleurs ; aptitude à saisir leurs nuances.

» L'organe de ce talent est placé dans la partie frontale qui correspond
» immédiatement au-dessus du milieu de l'œil. Alors la partie extérieure
» du sourcil est ordinairement fort saillante.

» La mimique de cet organe paraît se rapporter presque entièrement à
» l'admiration. Ce sentiment est en effet celui qui domine à l'aspect d'un
» vallon riant, d'un site agreste et romantique, à celui d'un tableau of-
» frant un coloris riche et spirituel, ou d'un appartement richement
» décoré.

Q. » Sens des rapports, des sons et des tons ; talent de la musique ; mélo-
» die ; harmonie ; aptitude à saisir les consonnances musicales.

» Cet organe est immédiatement situé au-dessus de l'angle externe de
» l'œil, et produit en quelque sorte, lorsqu'il est très développé, des fronts
» carrés et fort renflés dans la partie latérale de la tête.

» La mimique de cet organe se rapporte à la mesure et à la cadence ;
» par elle l'habile capitaine presse ou ralentit la marche de ses guerriers,
» et par des chants héroïques les excite au carnage ; de même par des hym-
» nes sacrés le prêtre porte l'espérance ou la terreur dans les âmes.

R. » Sens des rapports et des propriétés des nombres logarithmes ; talent
» des mathématiques. (Esprit de calcul); (mesure du temps.)

» Selon M. Gall, tous les mathématiciens qui se sont fait un nom, ont la
» moitié externe de l'arcade orbitaire en ligne droite, et l'angle de l'œil
» débordant souvent la partie antérieure des tempes.

» Dans l'action de cette faculté, à laquelle M. Gall rapporte aussi celle
» du temps, ou la facilité de retenir des époques et des dates, toutes les
» autres sont absorbées par l'objet à saisir, et l'individu devient en quelque
» sorte étranger à ce qui se passe autour de lui.

S. » Sens de la mécanique ou des constructions ; talent qui dispose à porter
» dans les arts un fini précieux ; adresse des mains. (Dextérité.)

» L'apparence extérieure de cet organe est une protubérance arrondie et
» placée dans la région temporale, tantôt derrière l'œil, tantôt un peu plus
» haut, selon le développement des organes voisins.

» La mimique de cet organe est autant dans les réflexions que dans les
» attitudes et les mouvemens. Pour s'en faire une idée, il faut voir un
» sculpteur qui examine son ouvrage, une ouvrière en mode qui monte
» un chapeau et cherche à lui donner l'élégance qu'exige le goût du jour.

T. » Sagacité comparative ; faculté de trouver des analogies et des ressem-
» blances ; perspicacité. (Eloquence populaire); (allégorie); (apologue.)

» Une protubérance qui commence à la partie supérieure du front, et
» qui descend en se rétrécissant en forme de corne renversé jusque vers le
» milieu, annonce la faculté dont il est question.

» L'attention est le principal attribut de la mimique de cet organe, qui
» varie d'ailleurs selon le degré de méditation qu'il produit, les bras sont
» souvent croisés sur la poitrine, les yeux fixés sur l'objet à saisir, et la ré-
» gion frontale plus ou moins tendue.

U. » Esprit métaphysique ; profondeur d'esprit ; pénétration métaphy-
» sique. (Faculté d'abstraire et de généraliser); (idéologie.)

»Cet organe est formé de deux proéminences, placées sur une même li-
»gne horizontale, une de chaque côté de l'organe précédent, et qui, quel-
»quefois, n'en paraissent être qu'une continuité.

»Comme celle de toutes les facultés intellectuelles, la mimique de cet
»organe est calme et silencieuse; elle consiste essentiellement dans une
»immobilité presque absolue du tronc et des membres, à laquelle suc-
»cèdent des mouvements des yeux vers le ciel.

V.   »Esprit caustique et de saillie; bel esprit (esprit malin); naïveté pi-
»quante; bons mots, réparties; calembourgs.

»Cette disposition est indiquée par une double proéminence, ou comme
»il faut l'entendre toujours, deux circonvolutions placées l'une de chaque
»côté et en dehors de celles de l'esprit profond, et à peu près sur la même
»ligne.

»La mimique de cet organe consiste surtout à contrefaire les gestes et
»les attitudes des autres avec l'intention manifeste de se moquer d'eux.
»Elle paraît être le correctif le plus propre à rectifier nos travers, et à
»détruire en nous les ridicules de l'amour-propre et de la vanité.

W.   » Causalité, esprit d'observation et d'induction qui cherche à lier les
»effets aux causes; raisons des choses; têtes philosophiques.

»Cette faculté paraît être bien moins le résultat d'un organe spécial,
»que celui du développement simultané de toute la partie antérieure et
»supérieure du front. C'est, si l'on veut, un organe collectif qui résulte
»d'un heureux concours des facultés supérieures.

»Indépendance de la mobilité du corps et de la tension de la tête, une
»respiration comme suspendue, annonce les efforts intellectuels néces-
»saires pour saisir la vaste chaîne qui lie les uns aux autres, tous les phé-
»nomènes de l'univers.

X.   »Organe de la poésie; enthousiasme poétique; faculté de peindre ses
»pensées par des couleurs vives; des traits de feu; verve.

»L'organe de cette faculté, peut-être une des plus impérieuses, est
»placé dans la partie supérieure et latérale de la tête, un peu au-dessus
»des tempes.

»Si on observe le poëte qui compose, on le voit, dans ses extases et ses
»mouvements de verve, tantôt relever obliquement sa tête vers le ciel,
»comme pour invoquer son influence, tantôt porter la main sur l'organe
»de la poésie, afin d'exciter son action.

Y.   »Sens moral; bonté; douceur; bienveillance; compassion; sensibilité:
»conscience; sentiment du juste et de l'injuste.

»Ces dispositions sont dues au développement de circonvolutions
»placées sur la ligne médiane à la partie antérieure et supérieure de l'os
»frontal au-dessus de la naissance des cheveux.

»On ne peut nier des actes d'une perfidie atroce; néanmoins les dispo-
»sitions contraires sont plus communes à la multitude. Dans une situation
»moyenne, l'homme est naturellement bon, et la mimique de la bienveil-
»lance est une des manifestations d'un peuple qui n'est pas malheureux.

Z. »Mimique ou disposition à imiter les gestes, la voix, la manière et les
»actions des autres.

»Une proéminence quelquefois arrondie, quelquefois allongée, et pla-
»cée un peu en arrière et à côté de l'organe de la bonté, est l'indice exté-
»rieur de cette disposition.

»Il faut prendre garde de confondre la pantomime avec la mimique ;
»celle-ci consiste dans l'expression naturelle de nos sentiments et de nos
»facultés par les gestes et les diverses attitudes du corps. La pantomime,
»au contraire, est l'imitation des gestes et des attitudes des autres.

AA. »Organe qui dispose aux visions ; penchant pour le merveilleux et les
»choses surnaturelles ; bon ou mauvais génie ; illusion ; sortilège.

»Une circonvolution du cerveau, placée entre celles qui constituent le
»talent poétique et qui disposent à la mimique, paraît être la cause de ces
»dispositions.

»Dans l'action de cet organe, la mimique varie comme le sujet de la
»vision. Si l'un est sacré, le visionnaire offre sur son visage une em-
»preinte d'onction et d'inspiration surhumaine ; si la vision se rapporte à
»quelques crimes horribles, le visage est alors d'un aspect effrayant.

BB. »Dieu et la religion ; sentiment religieux ; organe de la théosophie ou
»des idées religieuses ; vénération.

»Une proéminence placée sur la ligne médiane, et qui va de la partie
»moyenne du frontal au sommet de la tête, et la source organique et in-
»née de laquelle découlent toutes les croyances.

»Comme l'organe de la théosophie est en même temps celui de la vé-
»nération, sa mimique varie selon ces deux circonstances. Dans la dévo-
»tion, toutes les parties du corps sont dirigées vers le ciel ; dans la véné-
»ration, c'est le contraire, elles sont courbées vers la terre.

CC. »Fermeté ; constance ; persévérance ; opiniâtreté ; caractère ; désobéis-
»sance ; mutinerie ; esprit séditieux ; disposition à l'indépendance.

»Ces dispositons tiennent à une protubérance située au sommet de la
»tête sur la même ligne et en arrière de la théosophie.

»Si on observe l'homme qui prend la résolution ferme de poursuivre
»un projet à toute outrance et sans se laisser détourner par aucun motif,
on le voit aussi relever tout son corps et s'avancer comme s'il voulait
»déjà braver tous les obstacles. »

—⸺≡✺≡⸺—

AVIS A MESSIEURS LES COIFFEURS.

M. Croizat, professeur de Coiffure, a l'honneur d'informer messieurs ses Confrères, qui désireraient pousser l'instruction des jeunes élèves, qu'il y a en ce moment une place vacante chez lui pour un *pensionnaire* ou un jeune homme *au pair*.
Les conditions se modifient selon le degré de capacités et l'âge de l'élève.

P. S. M. Croisat croit devoir observer que chez lui on ne se forme pas seulement
qu'à la coiffure des Dames, mais qu'au contraire le haut postiche et la coiffure des
Hommes y sont extrêmement soignés.

ANNONCES.

TULLE CHEVELU,

M. Croisat ayant monté chez lui un atelier pour la fabrication du Tulle Chevelu offre à messieurs ses Confrères de leur en fournir de parfait à raison de 1 fr 50 c. le ponce carré et comme il y a certaines précautions à prendre en faisant la monture d'un tour par rapport à la fragilité du travail il offre à messieurs ses confrères qui voudront adopter ses raies transparentes [de leur fournir des modèles à raison de :

 10 fr. la pièce, les Tours de 3 ponces
  9 fr. id. ceux de 2 pouc. 1l2.
  8 fr. id. ceux de 2 pouces.

 Les épis ou finitions, 2 fr. 50 c.

Nota. Ne pas confondre ces raies avec celles en gros de Naples, car avec le tulle, plus une personne est chauve et plus le postiche parait naturel.

BRACKMAN Coiffeur, breveté d'invention du **PEIGNE SANS DENTS** pour faciliter la pose des fausses nattes de devant et autres cheveux postiches, invisibles.

Seule fabrique, rue Rameau, 9.

GUILLAUME.

Professeur de coiffure, boulevart des Italiens, N. 22, a l'honneur de prévenir MM. les Coiffeurs qu'on trouve chez lui seulement, les nouveaux ressorts métalliques *anglais* en acier, pour les tempes et oreillons des perruques. Ces ressorts qui sont d'une légèreté excessive et qui peuvent se courber au moindre coup de ponce sans se casser, ont un petit anneau à chaque bout qui sert à les fixer, sans qu'en aucun cas, le ruban puisse être crevé; il vient d'en recevoir de nouveaux qui sont admirables pour tendre les raies de chair. Perruques et toupets d'hommes comme aussi des Ninons, cache-folies et tours; on trouve aussi dans son magasin des portes-touffes perfectionnés.

TEINTURE POUR LES CHEVEUX.

EAU MÉNALOPHILE.

Avouée par la chimie pour teindre les cheveux, favoris et moustaches en noir, blond et châtain, à la minute et sans danger. — Prix : 6 fr — Madame Louis, rue du Vieux-Colombier, N. 5, à Paris. (Affranchir).

Même maison, rue St-Honoré, 137.

Atelier spécial d'ouvrages en Cire
DE M. JULES ALLIX, BÉVETÉ,
Rue Hauteville, n. 33.
Médaille d'argent.

L'atelier général de Bustes en cire de M. Jules ALLIX, rue Hauteville N. 33, acquert de plus en plus d'importance, en effet il est le premier dans son art : le rapport du Jury central l'a prouvé évidemment, à ce tribunal sévère une mention honorable a été décernée au modelage en cire. Cette mention qui désigne M. Alix fils, comme le restaurateur de cette partie, c'est le premier encouragement accordé aux expositions et l'art du modeleur en cire.

Pour une commande, il suffit de désigner dans quel magasin de Paris se trouve le modèle qu'on désire : Le prix des bustes est de 50 à 90 fr. non compris L'IMPLANTÉ FIXE qui est de 60 fr. par tête.

AVIS

AUX

PERSONNES SOURDES.

Fabrique d'Instrumens acoustiques fort légers, imperceptibles, tenant par eux-mêmes aux Oreilles, et donnant à l'ouïe toute la finesse que l'on peut désirer.

Prix : plaqué or 20 fr.
  dito en argent, 15 fr.
  en noir, 10 fr.

MAISON LOUIS.

Rue du Vieux-Colombier, N. 5,

Envois en Province. On expédie contre un bon sur la Poste. (*Affranchir.*)

43me Livon
Mai 1840. 145
LES CENT-UN
Coiffeurs.
1
2
5
6
7
13
12
11
Planche Historique.

43e LIVRAISON.

HISTOIRE DE LA COIFFURE ET DU COSTUME

DEPUIS L'ANTIQUITÉ JUSQU'A NOS JOURS.

Les Phéniciens et les Carthaginois qui sortaient, comme on le sait, de la même souche, avaient les mêmes mœurs, les mêmes habitudes, et à quelques modifications près, le même costume. Ces deux peuples pour lesquels la nature avait, en quelque sorte, prodigué tous ses dons, habitaient les plus belles contrées de l'Afrique et de l'Asie ; les poëtes et les historiens ne cessent de vanter le beau ciel de la Phénicie, les richesses de Tyr, l'opulente somptuosité de ses habitants. Quant à Carthage, elle se trouvait sous un ciel tellement égal et fortuné, que Tunis, bâtie pour ainsi dire sur ses ruines, est un véritable El-dorado. De cette beauté de climat, il résultait que ces peuples étaient généralement d'une constitution saine et vigoureuse, et que les traits de leur visage étaient nobles et réguliers. Hérodote, Tite-Live s'extasiaient sur la belle constitution des Phéniciens et des Carthaginois, et tous les historiens contemporains nous tracent un pompeux tableau des charmes de Sophonisbe, fille d'Asdrubal, d'abord épouse de Syphax, puis du fameux Massinissa, de ce terrible chef, qui joua vis-à-vis de Rome, le rôle qu'Abd-el-Kader joue de nos jours sur les mêmes plages.

On ne possède aucun monument capable de nous faire connaître d'une manière précise le costume phénicien, non plus que celui des Carthaginois ; les détails qui vont suivre, et qui du reste sont les seuls que nous ayons pu recueillir, ont été puisés dans l'histoire des nations avec lesquelles ces peuples furent en relations.

Le fameux empereur Eliogabale trouvant sans doute le costume romain trop peu fastueux, avait l'habitude de se vêtir en Carthaginois. Hérodote nous donne à cet égard des détails assez explicites. « Cet empereur, dit-il, était vêtu d'une robe qui descendait jusqu'aux talons avec de grandes manches à la manière des barbares ; les jambes étaient couvertes de chausses ou de caleçons qui lui prenaient depuis la ceinture jusqu'aux pieds, par dessus il portait un manteau brodé d'or et bordé de larges bandes de pourpre.

Tertullien donne à peu près la même description du costume carthaginois, seulement et sans doute par une conséquence qu'entraîne toujours avec elle la marche du temps, la tunique, de large qu'elle était, au temps d'Hérodote était alors très-étroite et avait beaucoup de ressemblance avec le vêtement que nous connaissons sous le nom de dalmatique (1) ; la tunique des jeunes gens

____

(1) La dalmatique est un pardessus comme en portent certains vieillards, et qui est en usage chez les Perses modernes. Voyez 39e livraison.

descendait à peine aux genoux, les caleçons étaient fort amples et serrés autour de la cheville comme ceux des Égyptiens modernes ; on assujettissait ces tuniques autour des reins avec de larges ceintures, plus ou moins riches, plus ou moins ornées, selon le rang du personnage. Ce vêtement était aussi celui des guerriers, à l'exception pourtant que la tunique de ces derniers n'avait pas de manche, et qu'ils portaient un petit manteau assez semblable pour la forme au manteau militaire des Grecs et des Romains, et qui ne descendait par derrière que jusqu'aux jarrets.

A Tyr comme à Carthage les hommes libres portaient la barbe longue et touffue ; quant à leurs cheveux, ils les coupaient assez courts afin de pouvoir en faire l'offrande à leurs dieux.

Le costume des Phéniciennes et des Carthaginoises différait si peu de celui des Grecques que nous n'en donnerons pas ici de grands détails, afin d'éviter les répétitions; nous nous contenterons d'esquisser rapidement celui de Didon, et parce qu'on possède à cet égard des documents positifs, et parce que cette princesse infortunée a joué un trop grand rôle dans l'antiquité pour ne pas mériter qu'on lui consacre quelques lignes.

On sait que la chasse était la passion favorite de Carthaginoises, et que ces femmes intrépides ne craignaient pas d'attaquer les plus terribles animaux ; c'est partant pour la chasse qu'on nous représente Didon : elle est vêtue d'une robe ou tunique de pourpre, que des agrafes d'or assujettissent sur la poitrine et sur les épaules. Cette robe est courte et laisse apercevoir la chaussure, sorte de brodequins qui montent plus haut que la cheville, une large ceinture lui serre la taille, ses cheveux sont noués par derrière la tête, et laissent à découvert les tempes et le front.

Le musée d'Herculanum possède une Didon, mais ce n'est plus cette brillante princesse allant chercher de puissantes émotions dans les périls de la chasse. Son infidèle Enée, trompant lâchement son amour, vient d'abandonner les rives de Carthage. Du haut des remparts de la ville, Didon a vu disparaître, à l'horizon, le dernier vaisseau de l'infidèle. Elle pleure, elle gémit, elle quitte ses vêtements de fête pour en prendre d'autres plus conforme à la douleur qui l'oppresse. Elle se couvre d'une tunique sans manches, et si longue qu'on aperçoit à peine l'extrémité de ses pieds ; par-dessus elle jette un manteau dont deux pans, noués autour du corps, assujettissent la tunique, ses bras sont nus, sa longue chevelure flotte en désordre, tout, en un mot, dans son costume annonce le profond désespoir auquel elle est en proie ; désespoir qui ne put s'éteindre qu'avec les flammes d'un bûcher.

La coiffure la plus ordinaire des Carthaginoises, était une mitre (1) plus ou moins précieuse, à laquelle on attachait un voile d'une finesse extrême, et dont les plis onduleux servaient à protéger la gorge et les épaules contre les ardeurs du soleil. Par une singulière manie qui existe du reste encore de nos jours dans presque tout l'Orient, elles peignaient leurs cils et leurs sourcils.

La sandale était la chaussure la plus répandue, pourtant on portait beaucoup de souliers couverts, et de brodequins d'étoffe.

Les Phéniciens et les Carthaginois aimaient, disent les historiens, les anneaux, les bracelets d'or, les pendants d'oreilles. Nous ne parlerons pas de la magnificence de Tyr, de cette ville où l'on fabriquait les plus belles étoffes, où l'on voyait sur les épaules des gens du peuple cette pourpre qui était alors

____

(1) Voyez 39 livraison.

le signe de la royauté. Dans les temples de cette ville , de même qu'à Carthage, on voyait des statues, des colonnes d'or et d'émeraude, Tite-Live , (Liv. 25, chap. 39) nous parle d'un bouclier d'argent pesant 130 livres, qui fut trouvé à Carthage et transporté à Rome, lors de la prise de cette ville par les Romains.

« Les Carthaginois, dit Rollin, avaient quelque chose dans le caractère d'austère et de sauvage, d'impérieux et de hautain, une sorte de férocité qui, dans le premier feu de la colère, n'écoutant ni raison ni remontrances, se portait brutalement aux dernières extrémités. Leur atroce conduite à l'égard de Régulus en est un exemple frappant ; ce peuple timide et rampant dans la crainte, fier et cruel dans ses emportements, tremblait sous ses magistrats, mais il faisait trembler à son tour tout ce qui était sous sa dépendance. »

Tel fut ce peuple qui lutta si longtemps contre Rome, qui lui disputa l'empire du monde avec tant d'audace et d'énergie ; qui laissa des traces sanglantes de son courage dans les plaines de l'Italie et de l'Espagne et qui finit enfin par succomber sous les coups de Scipion, malgré tous les efforts du grand et malheureux Annibal. An 146 avant J.-C. Carthage fut emportée d'assaut, après une héroïque résistance. Ses murailles furent rasées, ses fossés comblés, ses maisons incendiées, et défense fut faite, au nom du peuple romain, d'élever sur la côte de nouvelles constructions.

Plus tard, Marius proscrit et chassé par Sylla, vint se réfugier sur les ruines de Carthage, et c'est là, qu'assis sur les débris d'une vieille colonne, il fit, à un soldat chargé de l'arrêter, cette réponse, qui était pour Rome un lugubre présage : Va dire à Rome que tu as trouvé Marius assis sur les ruines Carthage.

PHRYGIENS ET TROYENS.

Les Phrygiens ou plutôt les Troyens, car ces deux peuples ne faisaient qu'une seule et même nation, ont joué un très grand rôle dans l'histoire, la mort d'Hector, les longs travaux d'Énée, le siége de Troye sont trop connus pour que nous les laissions passer inaperçus , et avec d'autant plus de raison encore, que leur costume mérite bien une mention à part ; mais comme les Phrygiens ne nous ont laissé que peu de monuments capables de nous donner une idée bien exacte de leur costume, nous avons donc été obligé de puiser les détails qui suivent dans les historiens grecs, dans Maillot et Winkelmann, et surtout dans le superbe tableau du musée du Luxembourg, représentant la mort d'Hector, tableau dont toutes les parties sont absolument conformes aux données de l'histoire. Hector vient de tomber sous les coups d'Achille, l'implacable vainqueur traîne autour de Troye le cadavre de son ennemi ; Priam, le vieux Priam est sur les remparts avec sa famille, le désespoir empreint sur son visage ; il repousse les consolations que lui offrent ses amis ; son vêtement est d'une rare somptuosité : il se compose de deux tuniques ; les manches de celle du dessous sont longues, étroites, serrées autour du poignet avec des bracelets ; les manches de la seconde couvrent à peine le haut du bras et sont très-amples ; ces deux tuniques sont serrées autour du corps avec une riche ceinture, ce qui fait qu'elles forment une foule de plis profonds et pleins de grace, autour des hanches et sur les cuisses ; par dessus il porte un manteau de pourpre assujéti sur l'épaule droite par une agrafe et qui recouvre entièrement l'épaule et le bras gauche ; enfin il porte de longs caleçons ou anaxyrides presque collants, et qui se renferment dans des souliers couverts, sorte de pantoufles d'étoffe, brodées avec recherche. (Ce costume est ainsi décrit par les antiquaires, quant à nous, qui, par profession, avons l'habitude de définir les différentes parties d'un costume, nous pensons que les Troyens ne portaient qu'une seule tunique sans manches, et que le caleçon à pieds, ainsi que le corsage qui forme les manches collantes, ne sont simplement qu'une seule et même pièce faite juste au corps, que recouvre une légère tunique, sans manches, pressée à la taille par une ceinture.) Sa barbe descend en flots argentés sur sa poitrine, ses longs cheveux blancs flottent sur ses épaules, et sont à peine protégés par un *corno* brodé d'or.

Toutes les femmes qui figurent sur ce tableau, sont conformément aux données historiques, vêtues comme les Grecques ; elles portent comme elles la tunique, la ceinture et le pœplum; le mère d'Hector porte un diadème enrichi de pierreries, posé sur des frisures qui se dirigent en arrière; une autre femme, est coiffée en bandeaux, entre-coupés d'une large bandelette de couleur, brodée en or, et qui va se perdre dans l'épaisseur du chou placé derrière l'occiput.

Le costume de Pâris, de ce jeune fils de Priam, aussi célèbre par sa beauté que par sa lâche mollesse, de Pâris qui fut, comme on le sait, la cause première des désastres de Troye et des malheurs de sa famille, le costume de Pâris, disons-nous, diffère peu de celui de son père, si ce n'est que la coupe en est plus élégante, et que les caleçons ou pantalons fendus sur le côté le long de la couture, sont garnis d'agrafes de distance en distance, de manière à former des crevés comme on en faisait aux manches des habits des grands seigneurs du commencement de la renaissance, ce qui laisse apercevoir un pardessous de riche étoffe.

Les figures 1 et 2 de la planche historique, dont l'une est de femme, sont coiffées comme Pâris, du *Corno*, la seule différence qu'il y ait, c'est qu'ici le bonnet est tout uni, tandis que le fils de Priam l'a tout parsemé d'étoiles.

Dans la premières de ces figures (celle de femme) le corno est recourbé en arrière, et les fanons lui entourent la tête ; tandis que dans l'autre (celle qui représente un guerrier combattant) le corno est courbé en avant et les fanons sont noués sous le menton.

La partie la plus caractéristique du costume troyen était, sans contredit, le bonnet ou *corno phrygien ;* ce bonnet qui a joué un si grand rôle au milieu de nos tourmentes révolutionnaires, et qui est devenu en quelque sorte le symbole de la liberté. Ce bonnet était généralement rouge, avait une pointe fortement recourbée en avant, et était orné par derrière de longs fanons ou banderolles de la même couleur, qu'on laissait flotter sur les épaules ou qu'on nouait sous le menton, lorsqu'on voulait se livrer à quelques exercices violents, comme la gymnastique, la lutte, etc.

Ce bonnet qui descendait très-bas par derrière, s'arrêtait par devant à un pouce de la naissance des cheveux, de manière à laisser flotter en toute liberté les boucles de cheveux qu'on rejettait généralement en arrière, afin de laisser le front découvert. Les Troyens laissaient croître leur barbe et leurs moustaches.

Les habits de l'un et l'autre sexe étaient brodés d'or, enrichis d'ornements précieux. Les femmes portaient une profusion d'anneaux, de colliers, de bracelets d'un travail exquis, dans le goût des Grecs avec lesquels ils avaient de fréquentes relations. Tout, en un mot, annonçait chez ce peuple, placé dans une des plus belles contrées du monde, les raffinements de luxe et la mollesse que l'opulence suppose et nourrit. Leur contrée était sillonnée en tous sens par une foule de fleuves que tous les poètes ont chantés ; le plus célèbre était le Scamandre qu'Hésiode a divinisé. C'était une coutume du pays que les jeunes fiancées, le front ceint d'une couronne de roses blanches, cachées sous les plis d'un voile léger pour tout vêtement, allassent immédiatement avant la célébration de l'hymen se plonger dans les eaux du Scamandre ; cette cérémonie subsista longtemps, et ne fut supprimée que lorsqu'un jeune Athénien (1) Liman, abusant de la superstition populaire, se fit passer, auprès de la belle Callirhaé, pour le dieu du fleuve, et cueillit, à l'aide de cet adroit subterfuge, une fleur réservée à l'époux.

GRECS.

Nous voici enfin arrivés aux Grecs, à ce peuple si célèbre et le mieux connu de l'antiquité ; à ce peuple, auquel toutes les nations en quelque sorte, empruntèrent une ou plusieurs parties de leurs vêtemens ; et qui sont devenus même de nos jours, l'objet fréquent de nos comparaisons. Cela se conçoit sans peine, quand on considère à quel degré de puissance et de gloire arrivèrent les Grecs civilisés à l'excès, polis, attentifs à faire bien ressortir tous les agrémens de leur personne, doués d'un jugement sûr dans toutes les choses du goût et de l'art, c'est à eux, en un mot, que nous devons pour ainsi dire, toutesles lois et tous les modèles du beau. Aussi, entrerons-nous, en parlant de leur costume dans de plus grands détails que nous ne l'avons fait jusqu'à présent, nous ne passerons rien sous silence, nous promènerons soigneusement le scalpel sur toutes les parties de leurs vêtements ; c'est ce qui fera l'objet d'un prochain article, en attendant nous offrons à nos lecteurs une planche qui contient non seulement plusieurs coiffures grecques, mais encore des modèles d'accessoires de toilette que nous décrirons dans une prochaine livraison. En se reportant à la 39e livraison (planche historique), nos lecteurs pourront remarquer avec nous, que si la coiffure des anciens Égyptiens était lourde et peu gracieuse, et si leur costume était étriqué, si la coiffure des anciens Perses, la mitre et la tiare manquaient de grace et de légèreté, si celle de l'ancien peuple d'Israël n'était remarquable que par sa sévérité, celle des Grecs, au contraire, réunissait la grace la plus parfaite à une ravissante simplicité, et leur costume aussi voluptueux que riche, ajoutait encore à la beauté de leur physionomie dont nous détaillerons soigneusement le type.

(1) Un Français de l'époque.

MODES.

Depuis quelque temps, la lune rousse exerce sur l'atmosphère une funeste influence, le ciel toujours chargé de nuages ne laisse arriver jusqu'à nous que des rayons de soleil, pâles et sans chaleur; aussi les belles allées des Tuileries sont elles désertes, et le bois de Boulogne ne retentit plus du bruit tumultueux des équipages et des joyeux propos de la fashion; c'est donc au concert, à l'Opéra que la mode a dû se réfugier, et c'est là que nos crayons observateurs ont esquissé les articles de toilette qui vont suivre.

Le 18 mai, il y avait au Théâtre Français une représentation à bénéfice ; le programme du spectacle, le beau talent de Mlle Rachel, y avaient attiré tout ce que la capitale renferme d'opulents et de connaisseurs, les loges étaient resplendissantes de toilettes; au parterre se pressait la phalange des vrais soutiens de la tragédie classique ; fidèles à leur culte, ils étaient venus applaudir les beaux vers de Corneille, pas un n'y manquait, pas même nous, chétif observateur qui, perdu pour ainsi dire dans un des coins les plus reculés de la salle, plongions nos regards scrutateurs dans les loges et dans les baignoires, pour y découvrir ce que la mode offrait de plus attrayant.

Comme au spectacle on ne distingue guère que le buste, notre attention se fixa d'abord sur les coiffures parées, les chapeaux et les bonnets, partie de la toilette dans laquelle il règne cette année, un ensemble vraiment parfait ; c'est-à-dire que la coiffure étant basse, les chapeaux ont la calotte analogue, et les bonnets très développés par devant, ont des fonds qu'on appelle à la paysanne, et dans lesquelles se loge commodément la chevelure arrangée sur l'occiput.

Parmi les nombreuses jeunes femmes, qui toutes rivalisaient de luxe et de coquetterie et dont les brillantes parures ajoutaient à la somptuosité de la représentation, on en remarquait plusieurs, portant des coiffures de fantaisie, sorte de tours de tête composés de dentelles et de fleurs, de dentelles seules à bouts retroussés sur les côtés, ou bien encore, d'une dentelle entre-coupée de coques de rubans, dans le genre de la coiffure N. 1.

Derrière cette ligne de jeunes beautés, et, comme dernier plan du tableau, on remarquait, un grand nombre de dames coiffées de turbans *en angleterre*, de *petits-bords de velours*, garnis en dessous de riches dentelles, et de chapeaux de poult de soie blanc, garnis de roses d'un *blanc rosé* ainsi que de paille de riz. Parmi ces chapeaux nous avons pu remarquer deux formes distinctes ; ceux en étoffe avaient la passe courte et basse et ceux en paille de riz avaient plus d'élévation par devant et descendaient plus bas sur les côtés.

Notre opinion sur la coiffure bien arrêtée, notre attention se reporta sur les robes dont nous n'apercevions que les corsages; assez heureux pour nous glisser jusqu'au foyer dans l'intervalle d'une pièce à l'autre, nous avons été à même d'étudier dans tous les détails celles qui déjà nous avaient paru d'une coupe nouvelle, et qui portaient le cachet des *Palmyre* et des *Manourry*. Une de ces robes portée par une femme ayant stature élevée, taille svelte et bras potelés, avait le corsage uni, à trois coutures, formant cœur, et les manches ajustées sur le bras comme font les grandes tailleuses qui mériteraient à juste titre le nom d'artistes qu'on prodigue si facilement de nos jours. La jupe d'une ampleur extraordinaire avait une foule de volants qui montaient jusqu'au

LES CENT-UN

On souscrit à la Direction, rue de l'Odéon, 33.

1-Coiffure exécutée par Croisat, Toilette d'intérieur.— 2-Chapeau de poult de soie.
Echarpe écossaise, Robe de soirée et Corsage à boutons.— 3-Chapeau de paille de riz.
4-Tour de tête en tulle uni.— 5-Chapeau de paille d'italie à double bavolet.

dessus du genou, ce qui formait un ensemble parfait. Une autre dame d'une taille plus délicate et dont le chapeau de paille de riz était orné d'un *nénuphar* aux longs filaments, portait une robe de mousseline de laine imprimée, aux manches mi-longues et garnies par le bas de trois biais.

A la sortie du spectacle, ballotté dans la foule qui se pressait sous le péristyle, nous avons observé que le bournous était encore en crédit, car fort peu de châles se faisaient remarquer; arrivé à la porte extérieure, et obligé d'attendre que la foule fut écoulée, pour nous faire jour, nous avons été contraint, contrainte bien douce du reste, d'étudier la coiffure d'une jeune femme, placée devant nous. Cette coiffure, que par amour de l'art, nous avions, grâce à de vigoureux efforts, sû protéger, contre les bourrasques d'un flot de vandales était exécutée d'une manière nouvelle, et que nous nons faisons un véritable plaisir de décrire ici : Les longs cheveux ramenés au bas de la fossette formaient deux tresses circassiennes et une torsade au milieu ; une coiffure de dentelle était posée sur la naissance des tresses, et s'en allait garnir les deux côtés de la figure; puis les tresses ainsi que la corde étaient retroussées pardessus la dentelle où elles étaient retenues sans doute au moyen d'une fourchette, alors on pouvait remarquer que la chevelure n'avait pas été nouée à la manière ordinaire, et que les tresses commençaient à partir des racines du cou. Voyez figure N° 1.

PRÉCIS DE CRANIOSCOPIE,

DU DOCTEUR GALL;

PAR CROISAT.

(Suite. et fin.)

Dans la démonstration de tout système il est urgent, pour bien être crompris, de joindre l'exemple au précepte, c'est pourquoi nous allons terminer le traité de cranoscopie par un petit aperçu des penchants qui ont distingué dans la vie, les sept personnages dont nous avons offert les portraits dans la 41e livraisons. Ayant omis de désigner ces têtes par des chiffres, nous commencerons par la tête de gauche du rang du haut, qui est celle de Duguesclin, celles qui suivent sont saint Bruno, Sterne, Van-Dyk, Kent, Bacon, Lhopital.

DUGUESCLIN.

Encore enfant, sa mère disait de lui : « Il est toujours battant ou battu, il ne rentre jamais à la maison que blessé et le visage en sang; il n'y a pas au monde plus mauvais garçon.   GALL.

S. BRUNO.

Cette tête est évidemment faite pour la solitude et la contemplation. Elle montre une très-heureuse organisation d'organes, et principalement celui du sentiment religieux aussi fortement que celui de la vanité l'est peu.   SPURZHEIM.

STERNE.

Deux organes sont principalement très-développées dans ce portrait ; celui de personnes et celui des saillies. Il est à remarquer que cet auteur est représenté le bout du doigt appuyé sur ce dernier organe, probablement parce que c'était son attitude favorite.   Gall.

VAN-DYK.

Ce peintre a surtout excellé dans le portrait, aussi les organes de la construction et de la configuration sont assez remarqués ; celui du coloris, sans être développé, est également très-sensible.   Spurzheim.

KANT.

On reconnaît ici cette conformation de front qui caractérise les métaphisiciens. Peu d'hommes ont, en effet, montré un esprit plus abstrait, plus spéculatif et aussi peu intelligent.   Spurzheim.

BACON.

L'extrême développement de toutes les parties intérieures et supérieures du front qu'offre cette figure, est le type de la plus haute intelligence humaine.   Fossati.

LHOPITAL.

On voit dans cette tête la fermeté, le courage et l'approbation soumis aux sentiments moraux les plus élevés (la prudence, la bonté, la justice), et dirigés par une intelligence supérieure. C'est une des organisations les plus heureuses qu'on puisse désirer.   Spurzheim.

ANNONCES.

FABRIQUE DE MÉTALLIQUES

de Gustave Boudon.

Rue St-Martin, N. 10. A PARIS.

Ces articles confectionnés avec soin et d'une vente courante, sont offerts à des conditions qui ne redoutent aucune concurrence, savoir :

Métalliques à 2 lames, trav. ouvertes 14 fr. la d.
   id.   2 lam. trav. fendues 12 la douz.
   id.   1 lam. trav. ouverte
           oreillers à tempe 10 la douz.
   id. 1 lam. or. temp. trav. simp. 8 *id.*
Cintré formant la raie de chair. 24 *id.*
Métalliques pour bonnets de dames. 7 *id.*
  Id.   pour Chapeaux. 6 *id.*

BRACKMAN, Coiffeur breveté d'invention du **PEIGNE SANS DENTS** pour faciliter la pose des fausses nattes de devant et autres cheveux postiches, invisibles.

Seule fabrique, rue Rameau, 9.

ENTREPOT GÉNÉRAL
DE PEIGNES MÉTALLIQUES.
Inventés par PUGET, breveté.

Rue des Francs-Bourgeois, n. 25, au Marais

Les moyens expéditis apportés à la fabrication de ces accessoires de coiffure me permettent aujourd'hui d'offrir les peignes à des prix excessivement modérés, et pour en donner une idée, je signalerai celui à deux cercles, que je donne à raison de 3 fr. la douzaine ; les prix des autres sont changés d'une manière analogue.

AVIS AUX PERSONNES SOURDES

Fabrique d'Instrumens acoustiques fort légers, imperceptibles, tenant par eux-mêmes aux Oreilles, et donnant à l'ouïe toute la finesse que l'on peut désirer.

    Prix :   plaqué or 20 fr.
           dito en argent, 15 fr.
           en noir, 10 fr.

MAISON LOUIS.
Rue du Vieux-Colombier, N. 5,

Envois en Province. On expédie contre un bon sur la Poste. (*Affranchir.*)

IMPRIMERIE DE MOESSARD ET JOUSSET, RUE FURSTEMBERG, 8.

44me **LIVRAISON.**

HISTOIRE DE LA COIFFURE ET DU COSTUME

DEPUIS L'ANTIQUITÉ JUSQU'A NOS JOURS.

DES GRECS ANCIENS.

(Suite.)

De tous les genres de coiffure basse, le Grec est sans contredit celui qui se distingue le plus par la pureté de son type, de ce type auquel on aime tant à revenir, qu'on s'est efforcé d'imiter sous tous les règnes, depuis Louis XIII, et que malheureusement on n'a jamais bien défini. Il y eut pourtant des efforts couronnés de succès, il y eut des maîtres qui, puissamment secondés, il est vrai, par la sévérité de mœurs que la révolution française avait imposée à la nation, firent une heureuse et juste application du genre grec; nous citerons entre autres Duplan, Victor le Nègre, Bigle, Guillaume et Michalon qui furent les arbitres souverains de la mode sous la république et les premières années de l'empire (1). Mais, nous le répétons, il leur manquait un guide, une définition sûre et logique d'un genre si difficile à bien pénétrer, et c'est pour remédier à cet inconvénient, pour combler cette ornière, que nous traçons les détails suivants, qui sont le résultat de l'étude et de l'expérience :

La coiffure grecque, ce type dont la pureté enflamme l'imagination des artistes, qui a tant de fois été chanté par les poètes classiques, et qu'on est convenu d'appeler *beau idéal*, est essentiellement la coiffure de la jeunesse, parce que, arrangée assez bas derrière la tête, la chevelure n'exerce aucune influence sur les traits; un chou grec, proprement dit, ne produit d'effet que de profil ou par derrière, et c'est là précisément ce qui convient le mieux à la jeune femme qui s'abandonne gaîment aux mouvements animés de la danse, et qui gagne autant à être vue d'un côté que d'un autre. Oui, nous le répétons, tout dans ce genre de coiffure appelle fraîcheur et beauté. Y a-t-il des bandeaux? ceux-ci, ondulés au gauffroir, ne descendent pas plus bas que ceux

____

(1) A partir de 1808, époque où la Chinoise prit faveur, la Grecque perdit peu à peu de son empire, et les coiffeurs de nos jours l'avaient si complètement oubliée, que lorsque vingt ans après Narcisse et Croisat voulurent la remettre à la mode, ils éprouvèrent d'incroyables difficultés, et ne rencontrèrent pas dans la masse de leurs confrères ce concours indispensable pour amener une révolution dans la coiffure; et il ne fallut rien moins que la publication de la *Méthode de Coiffure* en 1831, et les efforts soutenus de son auteur, pour faire aimer un genre qui règne souverainement depuis quelques années, et qu'on abandonnera difficilement, la jeunesse surtout.

de la *madone*. Les tempes sont-elles ornées de mêches frisées? les cheveux bouclés en arrière, contrairement à la méthode ordinaire, qui veut qu'on les frise en dedans, offrent le double avantage, pour la jeunesse, de s'harmoniser ave le chou qui prend un mouvement décidé vers l'occiput, et d'accompagner le visage sans l'altérer en aucune façon.

Parmi les différentes coiffures grecques, il en est cependant quelques-unes qui peuvent convenir aux femmes qui ne sont plus, comme disent les poètes, au printems de la vie, nous citerons principalement les coiffures ornées, par devant, de bijoux, de diadèmes ou de couronnes à la Cérès, car alors l'ornement du devant de la tête paralyse l'influence de celui de derrière, et procure ainsi quelque agrément à une physionomie régulière et favorablement caractérisée. Mais qu'une femme que la nature n'a pas favorisée de ses dons, se garde bien de se placer sous le bandeau des Pénélope et des Laïs, à moins toutefois qu'elle ne sache habilement modifier ces sublimes parures à l'aide d'une touffe à la Louis XIV, d'une tresse flottante, ou du crochet séducteur.

Afin qu'on puisse faire une juste application des coiffures grecques, nous allons définir d'une manière exacte le type de figure, ce beau idéal propre à l'antique nation des Hellènes, et que malheureusement on ne trouve décrit nulle part, si ce n'est dans la *Méthode de Coiffure*, cet ouvrage publié en 1831, et qui faute d'avoir été bien apprécié de la masse de mes confrères, est trop peu répandu (1). Dans les écoles de dessin, on donne bien, il est vrai, des modèles de têtes grecques, mais aucun texte ne les accompagne, mais on ne trouve nulle part les explications si nécessaires en pareille matière, et les élèves sont réduits à copier servilement ce qu'ils ont sous les yeux; aussi la plupart des artistes, ceux même qui jouissent d'une certaine réputation, ne sauraient-ils théoriquement décrire le type grec. De tous les ouvrages, celui de Flaxmann est bien certainement le plus complet et le plus précieux, et pourtant à côté des nombreux sujets qu'il relate, trouve-t-on un texte, une explication, une définition? nullement, l'auteur se contente d'indiquer en quelques lignes le sujet de chaque planche, abandonnant ainsi, ceux qui le prennent pour guide, à leur propre expérience.

Nous avons dit, dans notre première livraison, qu'une tête ordinaire se divisait en quatre parties égales; nous avons même joint l'exemple au précepte, et donné une esquisse. Il n'en est pas de même de la tête grecque; la différence porte sur plusieurs points : le premier et le plus remarquable, c'est que la tête ne se divise pas en quatre parties égales (1), par cela même que le nez, occupant un espace plus grand que chacune des trois autres parties, et se prolongeant d'un cinquième sur la quatrième partie (la lèvre supérieure, la bouche et le menton), le bas de la figure se trouve réduit d'autant. De là provient cette délicatesse des lèvres, de la bouche et du menton, que nous admirons dans les têtes grecques, sans pourtant nous en rendre compte. Dans les figures dont le nez est long et droit, comme celui de la fig. N°. 8 de la

(1) Ouvrage en un volume in-12, orné d'un grand nombre de planches, et qui ne traite uniquement que de la partie artistique de la coiffure. Se vend chez l'auteur, rue de l'Odéon, 33. — Prix : 5 fr.

(1) Voir *Méthode de Coiffure*, page 91, fig. 29 et 30, pour le parallèle du type ordinaire et du type grec.

44e livraison, il est facile de remarquer que la ligne frontale se confond avec le nez, conformation toute particulière aux Grecs, et qui a fait dire aux antiquaires qu'ils avaient de grands nez. Le défaut d'espace ne nous permettant pas de donner l'échelle de proportions de cette coupe de tête, nous renvoyons à la *Méthode de Coiffure*, où l'on trouve cette échelle accompagnée de la description suivante, page 91 :

PROFIL GREC.

« La figure N°. 30 a le caractère grec, et ce qui là distingue, c'est la forme du nez qui suit la ligne d'opération et descend un quart de partie plus bas que dans les autres têtes. La bouche et le menton quittant la ligne perpendiculaire et rentrant de un quart de partie, ces organes se trouvent formés dans un plus petit espace, et sont plus délicats que dans les autres caractères. L'œil se trouve placé perpendiculairement au dessus de l'aile du nez. »

Quant au profil et au volume de la tête vue de face, les proportions sont exactement semblables à celles dont nous avons donné l'esquisse dans la première livraison et qui consiste pour la tête vue de face dans trois parties sur la largeur et quatre dans la hauteur, c'est à-dire, qu'il y a un quart de moins en largeur qu'en hauteur. Dans ce type, comme dans celui ordinaire, l'oreille se trouve toujours placée à la hauteur du nez; elle a cependant toujours en moins, le cinquième que le nez a de plus que chacune des autres parties de la figure.

Après avoir ainsi défini la figure grecque, et offrant dans les planches au trait des 43e et 44e livraisons, un assez grand nombre de têtes, qui diffèrent d'expressions, il est vrai, mais qui toutes sont empreintes du cachet grec, il nous sera facile de faire voir quel est le genre de coiffure qui convient le mieux à ces sortes de type.

Nous avons déjà, au commencement de cet article, déduit en quelque sorte, les motifs de la préférence qu'accordaient les Grecs à la coiffure basse, aux frisures retournées et aux bandeaux droits, nous nous sommes même assez longuement étendu sur ce point, pour pouvoir nous dispenser d'y revenir, surtout en ce qui concerne les détails qui se rattachent à la partie pratique de la coiffure. Ce qu'il nous reste à donner, c'est la preuve de nos assertions, par l'application des principes linéaires (1).

Il est naturel que les femmes grecques aient fait constamment leurs bandeaux droits à la manière des Italiennes de nos jours, et qu'elles aient orné presque toutes leurs coiffures de bandelettes, de diadèmes et de couronnes; parce que la ligne frontale se confondant avec celle du nez, il était indispensable que les traits principaux de la coiffure décrivissent des lignes horizontales, afin que formant ainsi un angle droit, les lois de l'équilibre fussent observées, c'est-à-dire, qu'une ligne balançant une autre ligne, une masse paralysant le trop grand effet d'une autre masse, il n'y eût pas de tirage inégal, et que le chou placé sur l'occiput, quelle que fût d'ailleurs la forme qu'on lui voulût donner, fût complètement d'aplomb. Ce motif n'était pourtant pas le seul qui portait les femmes grecques à rechercher les coiffures qui aplatissaient le sommet de la tête, l'angle droit donne toujours à la coiffure un ca-

(1) Voir *Méthode de Coiffure*, 12e leçon.

ractère de sévérité qui convenait essentiellement à la régularité de leurs visages, et les épingles emblématiques, dont elles ornaient leurs cheveux peuvent nous confirmer dans l'idée que nous nous sommes faite de leur tact, pour tout ce qui pouvait imprimer à leur coiffure un air de noblesse égal à celui de leur physionomie.

DESCRIPTION DES PLANCHES AUX ESQUISSES
des 43me et 44me Livraison

43me LIVRAISON PLANCHE DE MAI.

N° 1. Phrygienne coiffée du Corno, les phanons tournés autour de la tête.

— 2. Phrygien coiffé du bonnet de ce nom, les fanons noués sous le menton.

— 5. Épingles emblématiques à coiffures.

— 6. Négligé de femme grecque.

— 7. Grec en costume civil.

— 11. La nymphe Circée ayant l'hémidiploïdion jetté sur les genoux.

— 12. *Strophion*, ceinture corset des femmes grecques. On portait aussi la bande pectorale (stethodermon). Cette bande consistait en un long morceau de toile de lin que les femmes posaient à nu sous les seins, et qui entourait plusieurs fois le corps.

— 13. Écharpes, ceintures des femmes grecques.

44me LIVRAISON PLANCHE DE JUIN.

N° 3. fig. 4 Personnages tirés de la tragédie d'ESCHILE, les sept chefs devant THÈBES, par JOHN FLAXMAN, sculpteur anglais,

— 8. Tête de la princesse NOSICAA fille d'ALCINOÜS, coiffée du réseau.

— 9. Mître (1) développée. — Les jeunes femmes portaient aussi de longs morceaux d'étoffes qu'elles brodaient, ainsi que leurs mîtres, et qu'elles posaient dans le même genre que cette dernière. Ce chiffon, nommé *caliptre*, donnait plus d'ampleur à la tête que la mître ; il était en usage chez les femmes riches, celles qui portaient le nimbe et la couronne de fleurs.

— 10. Tête de femme coiffée avec la mître.

— 14. La reine PÉNÉLOPE en tunique longue, nimbe et le voile (ricoloé).

— 15. Figure de droite : *Bague*, figure de gauche : *Boucle-d'oreille* de femme grecque;

— 16. CALYPSO parée de l'hémidiploïdon bordé, d'une tunique à ceinture et du nimbe ou diadème.

(1) Les anciens peuples qui firent usage de la mître en conservèrent la forme primitive qui tenait à celle de nos évêques, (Voyez 39e liv.) les Grecs seulement en varièrent la forme. Cet ornement qui d'abord ne servit qu'à retenir la masse de cheveux, reçut un développement si grand par la suite que l'on en varia la pose à l'infini, Willimain dans son savant ouvrage offre jusqu'à vingt-cinq modèles de coiffures ornées de mîtres plus ou moins riches et ayant des bandelettes plus ou moins longues.

3
4
LES CENT-UN
Coiffeurs.
8
9
10
15
14
16
Planche Historique.

LES CENT-UN.

On souscrit à la Direction, rue de l'Odéon, 33.

1. par Michel-Adolphe, membre de l'Académie de coiffure — 2 et 3, par Denisot, agrégé à l'académie
4, par Bayriot, r. de l'Arbre-sec, 2 — 5, par Gauderiau, r. N.le S.t Eustache, 45.
6, par Pinon, r. Boucherat, 4 — 7, Coupe d'été par Croisat.

DESCRIPTION DES COIFFURES.

N° 1. Par **MICHEL-ADOLPHE**.

Cette coiffure forme l'**X**. Pour l'exécuter, il faut se munir de deux rouleaux ouatés, plus épais dans leur milieu qu'à leurs bouts; ces deux accessoires, étant bourrés avec de la ouate de coton, l'exécution en est excessivement facile. Pour cela, il suffit d'attacher un rouleau de chaque côté du lien de la chevelure, de les couvrir de cheveux, et de les assujettir en place, de manière à décrire la figure de la lettre ci-dessus désignée.

Les dents du peigne à galerie prenant quelques cheveux des rouleaux, les épingles noires deviennent presque inutiles, attendu que les bouts des rouleaux, par le bas de la coiffure, se trouvent pris par les dents du peigne.

Les tresses de devant, une fois tordues et mises en place, les branches de fleurs, dont les tiges se perdent dans le peigne, viennent accompagner les côtés de la tête, et mettre le fini à cette coiffure plate que je recommande aux personnes ayant le cou long.

N°s 2 et 3. Par **DÉNIZOT**, agrégé à l'Académie de coiffure.

Cette coiffure se compose de deux coques, d'une tresse formant deux masses, d'un chapeau de fleur d'oranger, d'une guirlande touffue par un bout, et d'une écharpe d'Angleterre. Exécution : Je noue les cheveux avec une petite mèche prise dans la masse, une fois que ma main gauche l'a réunie en un paquet. Cela fait, avec le quart de la chevelure, je lance une coque à gauche, et avec les pointes de ladite mèche j'en fais une autre à droite qui prend un mouvement penché. Avec tout le reste des cheveux, je fais une tresse en quatre, bien serré; cette tresse, que j'étaie au moyen de quelques épingles plantées dans le lien de la chevelure, se dirige par la gauche, et vient séparer par derrière les deux coques lisses. Le bout de ladite tresse, après avoir passé au travers de la coque basse, s'arrondit sur le cou, et puis, il va se perdre au pied du chou.

La tige de la fleur d'oranger se tord sur une forte épingle double qu'on plante dans le cordon; vient ensuite la guirlande dont le bout touffu se pose dans la touffe gauche, et puis l'écharpe qui, après avoir été tuyautée dans le milieu, vient former sur le devant, de la fleur d'oranger, une demi-auréole plissée, tout en laissant flotter deux longs bouts sur les côtés.

N° 4. Par **M. BAYRIOT**, rue de l'Arbre-Sec, 2.

Une fleur qui coupe la touffe, liée par un trait de même couleur avec la branche qui orne le chou, donne un attrait à la coiffure qui est toujours gracieux; c'est pourquoi j'ai disposé ma guirlande de manière à offrir ce double avantage, ajoutez a cela que les trois masses de cheveux, formées chacune par une mèche, laissent assez d'espace pour y loger convenablement un feuillage, et que la coque flottante se balance assez agréablement sous la fleur de derrière placée entre la grosse coque et le coquillage, fait avec une tresse circassienne, qu'on remarque à la gauche du chou.

N° 5. Par **GAUDEREAU**, Rue Neuve Saint-Eustache, 45.

Des tresses qui flottent, des marabouts qui retombent sur les épaules, et puis un léger semi de fleurs, voilà la mode qui règne pour les bals de noces, et dont je viens offrir un échantillon à nos chers abonnés.

N° 5. Coiffure de mariée ; par **M. HIPPOLYTE PINON**, rue Boucherat, 4.

Il est un ornement qu'on aime dans mes parages pour les coiffures de mariées, et, en collaborateur consciencieux, je viens en instruire nos lecteurs ; car s'il est bon qu'ils soient tenus au courant des belles parures de l'aristocratie, il est aussi très-urgent qu'ils connaissent les usages d'un genre de clientelle dont le goût est justement apprécié tous les jours. Je veux parler de la classe laborieuse des fabricans du Marais, dont l'imagination s'exerce tous les jours à créer ces mille fantaisies qu'on admire dans les beaux magasins de la capitale, et font la réputation à l'étranger de ce qu'on appelle l'*Article Paris*. Pour en revenir à ces estimables fabricants, ce qu'ils aiment à voir dans la coiffure de leurs filles, au jour de leur hyménée, c'est une triple torsade d'argent portant à chaque bout un riche gland, flotter sur un voile d'Angleterre uni, placé tout au bas de la coiffure. Cette pose de voile offre cet avantage qu'au sortir de la messe on peut l'enlever sans défaire la coiffure, et sans qu'il puisse en arriver aucun accident. Quant aux torsades, une fois le voile enlevé, on les retrousse de chaque côté de la coiffure ; quelquefois, lorsque le visage est un peu long, on en fait passer une sur le front. Je ne parlerai pas de l'exécution de ma coiffure qui n'offre rien de bien difficile, si ce n'est la pose de la tresse qui exige qu'on la fasse sur un fil de fer.

N° 7. Coupe de cheveux par **CROIZAT**.

Ils étaient pourtant d'un bien bel effet ces tours de tête que tous les Français avaient adoptés avec une sorte de frénésie, et que les coiffeurs de Paris étaient parvenus à varier de mille façons. Eh bien, malgré l'avantage que cette mode offrait à notre corps d'état, il n'en a pas moins fallu céder à l'élan que les *Galabert* ont donné à la coupe, dût-on être privé de frisures pendant tout l'été.

Moi, qui tout en aimant à travailler pour la gloire, connais l'intérêt de ma corporation, voici comment je taille les cheveux aux messieurs qui me demandent à être coupés ras par derrière :

Je leur fais, premièrement, une raie comme s'il s'agissait de les coiffer en Jeune-France (Renaissance) ; je leur coupe les cheveux de derrière de quatre à dix lignes de longueur, en remontant jusqu'à l'oreille, et à partir de cette distance je conserve tous mes cheveux. Je les effile un peu par les pointes en repoussant les courts, et puis je les frise, *masse en dedans*, tout comme s'il s'agissait de fondre les touffes avec le fameux tour de tête de l'hiver passé.

Cependant les cheveux longs, près du front, ne convenant pas à tout le monde, à messieurs les baigneurs, surtout, je leur coupe le *bec* très-court, en l'effilant de manière à ce qu'ils se confondent avec les longs cheveux, et les empêchent de retomber sur les yeux.

PATHOLOGIE DU SYSTÈME PILEUX, *

OU MALADIES DES CHEVEUX.

Les maladies des poils doivent être toutes rapportées à leurs racines ou bulbes. Les tiges pilaires ne sont susceptibles que d'altérations consécutives, la source de leurs affections étant tout entière dans leurs organes sécréteurs, ainsi que nous l'avons déjà démontré. Sous ce rapport, par conséquent, les maladies des poils ressemblent parfaitement à celles des ongles dont le siége est toujours, comme on sait, dans la matrice unguéale.

Cette manière d'envisager le sujet n'est pas celle, je le sais bien, de plusieurs pathologistes qui regardent les poils comme des corps organisés : ils ne bornent pas leurs maladies aux bulbes, ils en admettent aussi de propres aux tiges pilaires. Cette dernière proposition, cependant, ne nous paraît plus soutenable aujourd'hui d'après les idées émises sur la structure des poils, page 25 du 1er vol. de cet ouvrage.

Les maladies du système pileux se réduisent aux groupes suivans :

1° *La sécheresse pilaire.* Cette affection n'a point encore été décrite que je sache ; elle est propre aux cheveux, et consiste dans la suppression de la sécrétion de l'huile animale qui, dans l'état normal, pénètre les tiges ; de sorte que celles-ci se dessèchent considérablement, et se couvrent plus ou moins de petits squames. Je l'appellerai *xérotrixie* par imitation avec la xérophtalmie qui est une affection analogue de la conjonction oculaire.

2° *L'hydrotrixie*, affection opposée à la précédente.

3° *La décoloration.* Je comprendrai sous ce chef la canitie accidentelle ou la décoloration des jeunes sujets que j'envisagerai principalement sous le point de vue thérapeutique.

4° *La chute* des tiges pilaires. Dans ce chapitre je réunirai l'étude de l'épilation temporaire qu'on appelle *alopécie*, et celle de l'épilation permanente qu'on nomme *calvitie*.

5° *Affections ulcératives des bulbes*, telles que la plique polonaise, la teigne, différentes espèces de dartres, etc.

Si je voulais entrer ici dans des considérations de pathologie générale qui se rattachent à chacune de ces affections bulbiennes, j'aurais, certes, de quoi remplir un très-grand nombre de pages ; mais cela me menerait au-delà des limites que je me suis imposées dans cet ouvrage. Je me contenterai seulement de dire, d'une manière générale, que les maladies des poils se rallient immédiatement à celles de l'organe cutané, puisque c'est de ce même organe qu'ils reçoivent l'alimentation de la vie.

* *Traité du Système Pileux*, par M. le Docteur Boucheron, 1 vol. in-8.

CHAPITRE PREMIER.

DE LA XÉROTRIXIE, OU DE LA SÉCHERESSE DES CHEVEUX.

Les cheveux se dessèchent quelquefois, perdent leur poli naturel, deviennent presque terreux, se crispent et restent comme frappés d'asthénie, à la guise de certaines plantes qui manquent du véhicule essentiel à leur vie, l'eau, ou dont la racine est frappée de maladie. C'est à cet état que j'ai donné le nom de xérotrixie.

Les membranes muqueuses sont assez souvent sujettes à une affection semblable. La xérophtalmie, la maladie de l'oreille que les Anglais appellent *dry ears* (oreilles sèches), l'aridité de la langue et de la bouche qu'on observe dans certaines affections chroniques de l'estomac, la cutisation de la muqueuse vaginale prolapsée, etc., etc., sont de ce nombre.

La xérotrixie s'offre sous deux variétés. Dans l'une, il y a simple dermification, si je puis m'exprimer de la sorte, ou sécheresse des cheveux, sans squames à leur surface, ou du moins les squames, si elles existent, ne sont qu'en très-petit nombre ; dans l'autre, le dessèchement est compliqué de petites pellicules analogues à du son qui naissent à leur base ou sur le derme, et qui constituent une seconde affection particulière (dartre furfuracée).

(La suite au prochain numéro.)

ANNONCES.

IMPRIMERIE DE MOESSARD ET JOUSSET, RUE FURSTEMBERG, 8.

Les Cent-un Coiffeurs
45.me Liv.on

45ᵐᵉ **LIVRAISON.**

HISTOIRE DE LA COIFFURE ET DU COSTUME

DEPUIS L'ANTIQUITÉ JUSQU'A NOS JOURS.

DES GRECS ANCIENS ET MODERNES.

(Suite et fin.)

Avant de terminer notre travail historique sur les Grecs, nous avons cru nécessaire d'offrir des patrons de manteaux (Ydiploïdion), de ces sortes de pardessus qui donnent tant de grace et de noblesse aux costumes de l'antiquité et dont il serait difficile, si non impossible de définir la coupe, si lon ne les voyait que posés sur les personnages que nous représentent le musée des antiques, Flaxmann, Willemin, Bardon, Winckelmann et Maillot. Nous voyons en effet, que les femmes grecques en variaient la pose à l'infini, et que ces pans d'étoffe coupés à droit fil étaient si artistement drapés, que les couturières et même les costumiers de Théâtre de nos jours, pourraient facilement se méprendre sur leur forme, car tous ces coins échappés comme dans la figure 4 de cette livraison, ceux du Nº 16 de la 44ᵉ livraison ainsi que la robe plissée de Nº 5 de la 45ᵉ, pourraient nous faire croire qu'il y avait du biais ou des goussets rapportés dans ces draperies, tandis qu'elles sont toutes d'un seul morceau, et sans aucune couture, si ce n'est, celle des ourlets. Ceux de nous qui ont vu Talma, se rappellent sans doute encore, avec quel art ce grand tragédien, qui restaura en France le costume théâtral, savait agencer un morceau d'étoffe droit avec le secours d'agraffes, d'épingles ou de boutons; et il est à remarquer que tous les artistes dramatiques, qui n'ont pas pénétré ces secrets, et qui ont confié leur garde-robe aux costumiers ordinaires, se montrent affublés de tuniques plissées avec trop de symétrie pour nous donner une idée exacte de la belle et noble simplicité grecque, dont tout le charme consiste dans une espèce de *désinvolture*.

Afin qu'on ne puisse pas se méprendre sur les effets de chaque pièce de costume dont nous offrons le patron, nous ferons observer que le Nº 11 (Ydiploïdion) est le manteau qui se trouve jeté autour du corsage du Nº 4 sur la tunique duquel il forme une draperie à deux étages, que le Nº 12 (Éphestride) est la pièce si bien plissée sur la tunique du Nº 5 et enfin que le Nº 13 (Chlamyde) est cette espèce de manteau qu'on aperçoit sur les épaules du guerrier grec Nº 7. La Chlamyde changeait de nom lorsqu'elle était disposée pour un vêtement de femme, et se nommait alors hemidiploïdion (1) et ne formait qu'un seul rang de draperie, (voyez fig. Nº 16. 44ᵐᵉ livraison). Le patron Nº 10 s'agençait de deux manières; quand la bordure était par en haut, et que les bords étaient rabattus, il formait une tête qui papillottait agréablement autour du corsage, lorsqu'au contraire la bordure retombait le long de la tunique, qu'elle que soit d'ailleurs la pose que le caprice lui donnât, son aspect avait plus de sévérité.

(1) *Hemi* en grec signifiait demi, hemidiploïdion veut donc dire demi-sdiploïdion.

Nous ne croyons pas nécessaire de donner des patrons de tuniques, puisque les plus longues, celles que les femmes portaient dans l'intérieur du gynécée, n'étaient, pour ainsi dire, autre chose que de grandes chemises comme en portent les femmes de nos jours, excepté qu'elles n'avaient pas de manches, et qu'elles étaient pressées autour des hanches par la ceinture. Quelquefois ces grandes tuniques étaient d'un richesse extraordinaire, celles que l'on portait dans les grandes cérémonies et pardessus lesquelles on mettait une seconde tunique beaucoup plus courte, étaient brodées par en bas.

Coiffure des femmes.—Voulant donner à nos lecteurs une idée des ressources que peut offrir l'étude de la coiffure grecque ancienne, nous offrons dans cette livraison cinq modèles de composition bien distinctes les unes des autres. Les nos 1, 3 et 4, sont parés de la Caliptre, morceau de chiffon dont la pose variait autant que l'orsqu'en 1824 le chiffon était en honneur chez nous, et Dieu sait, combien un coiffeur habile n'eût pas fait de centaines de coiffures avec le même morceau de gaze ou de velours. Les cinq coiffures que nous offrons aujourd'hui, nous apprennent aussi que les bandeaux de camées, les chous de nattes, ainsi que les nœuds de coques, tant en usage de nos jours, ne sont que des variantes faites sur les types anciens. Nous croyons devoir fortement appuyer sur cette observation afin de dissiper l'erreur où sont la plupart de nos confrères, qui se laissent entraîner par le torrent des modes, sans vouloir jeter un regard sur le passé, et sans chercher à découvrir l'origine de ces modes et les divers modifications qu'elles ont suivies pour arriver jusqu'à nous. De quel immense avantage serait cependant pour eux l'étude de l'histoire de la coiffure, puisque nous sommes forcés de tirer nos modes nouvelles des monumens de l'antiquité. De même que la peinture et la poésie vont puiser leurs plus belles inspirations dans le passé, pourquoi les coiffeurs s'abandonneraient-ils à cet esprit de routine qui abrutit les idées et corrompt le goût! Ce n'est pas qu'il n'y ait un certain nombre de coiffeurs qui marchent à la hauteur du siècle et sont capables d'apprécier le leçons de l'histoire; mais, malheureusement, la masse est apathique et plongée dans une espèce de léthargie d'où nous serions heureux de la tirer, pour la faire jouir des bienfaits de l'instruction, et leur ouvrir la voie du progrès.

Terminant notre description historique sur la nation grecque, nous dirons que les hommes, outre le manteau dont nous avons parlé plus haut, portaient une tunique nommée Chiton, le plus souvent de laine blanche, et ornée de bandes de pourpre, quelquefois même de franges. La longueur de cette tunique n'était pas uniforme tantôt elle était si longue qu'elle descendait jusqu'aux talons ; tantôt elle sarrêtait aux genoux et même plus haut, comme celle de la figure n° 7 de la quarante-cinquième livraison. Dans les beaux temps de la Grèce, ces tuniques avaient des manches fort étroites, ce ne fut qu'après la conquête par les Romains, qu'on les porta sans manches.

Les Grecs portaient généralement la barbe longue, les gens du peuple la coupaient cependant une fois tous les ans, ce ne fut qu'au temps d'Alcibiade, de ce prototype des Dandys de l'époque, qu'on ne laissa plus croître que les moustaches ; enfin Alexandre fit entièrement raser les visages ; quant à la chevelure, il y avait déjà fort longtemps qu'ils la coupaient. Assez ordinairement les Grecs allaient la tête nue, cependant pour se garantir des intempéries des saisons, il portaient le Scyadion, chapeau à bords retroussés assez semblables à ceux des Bas-Bretons de nos jours; les voyageurs se coiffaient du Petase, coiffure que les artistes donnent au dieu Mercure. Les guerriers portaient eux le casque avec une visière mobile qu'ils baissaient dans les combats, comme les chevaliers du moyen-âge, et qui protégeait entièrement leur visage ; ils

avaient de plus les genouillères, la cuirasse, et une sorte de cotte de mailles. La chaussure des hommes et des femmes était la sandale, souvent pourtant les courtisanes chaussaient un véritable soulier couvert, mais fait d'une étoffe voyante et richement brodés.

Le peu d'espace qui nous reste, ne nous permet pas d'entrer dans de plus grands détails sur les Grecs anciens, nous passerons sous silence leurs brillants exploits, leurs progrès dans le luxe, et leur décadence ; nous ne dirons rien non plus des courtisanes d'Athène et de Lesbos, de ces Laïs et ces Sapho, dont les noms appartiennent à l'histoire, et qui virent se ranger sous leurs Lois si douces, les plus grands capitaines et les plus grands philosophes de la Grèce ; à ces beaux jours, à ces fêtes qui attiraient tout le monde, succédèrent, l'esclavage et l'avilissement ; nous ne raconterons pas comment les Grecs déchus de leur ancienne splendeur, subjugués par les Romains qu'ils amollirent, dégradés sous le sceptre de leurs empereurs théologiens, furent enfin conquis par les Turcs. Nous ne raconterons pas cette longue séries d'infortunes et de misères qui pesèrent sur cette malheureuse nation pendant près de quatre siècles. Les Grecs étaient alors semblables à ces dieux bannis de l'Olympe, réduits à la triste condition de pâtres et de manœuvres, mais libres au fond du cœur et du sang des héros. Echappés comme par miracle à tant de conquérans farouches, les enfants du Pinde et du Parnasse chantaient encore les victoires de Miltiade et d'Alexandre. Enfin, secrètement excités par les Russes alors en guerre avec la Turquie, il passèrent du murmure à la menace, et firent entendre les mots de patrie, de religion, et de liberté, mais cette liberté leur coûta cher; des ruisseaux de sang coulèrent, des villes, des provinces entières, furent entièrement dépeuplées, mais enfin l'intervention des grandes puissance de l'Europe, vînt faire pencher la balance du côté de ce peuple héroïque, et la victoire de Navarin leur donna ce qu'ils rêvaient depuis si longtemps, une religion, une nationalité.

Au milieu de tant de vicissitudes, le costume grec, dût comme on le pense bien, varier souvent de forme; mais on reconnaît toujours, cette grace et ce bon goût qui caractérisaient les anciens Athèniens, et l'on peut dire que le costume grec moderne est un des plus beaux de notre époque. Nous allons en tracer une rapide esquisse.

Le costume des hommes se compose actuellement de la *Fûstanelle*, sorte de jupe en dentelle, qui part de la ceinture et descend un peu plus bas que le genou, cette pièce est toujours blanche, c'est le complément indispensable du costume national; puis vient la veste ou *Doulamas*, assez semblable pour la forme à celle de nos hussards, excepté que les manches sont terminées par un retroussis évasé, et qu'elles ont des crevées à l'Espagnole; la couleur du Doulamas varie à l'infini, on préfère pourtant le bleu céleste, le brun et l'amaranthe; il est brodé sur la poitrine et sur les manches avec plus ou moins de luxe suivant la fortune de celui qui le porte, il n'a pas de col, non plus que la chemise qu'il laisse apercevoir ; car quoique garni de boutons, on ne le boutonne presque jamais : sous cette veste on porte assez souvent, un gilet de soie ou d'étoffe riche, et qu'on ne boutonne que par le bas. Ce gilet est serré autour des hanches par une large ceinture, zona, qui sert en même temps à supporter les armes qui sont toutes d'une rare beauté. La couleur de cette ceinture est semblable à celle de la veste, il en est de même des guêtres qui protègent le bas de la jambe et montent jusqu'aux genoux où elles sont assujetties par une jarretière qui serre également le pantalon qui est fort large, et dont la fustanelle ne laisse apercevoir que le bas. La chaussure est un véritable soulier, à talons élevés, et très découvert sur le coup-de-pied. Ce qui caractérise les Grecs modernes, outre la fustanelle, c'est le tarbouch, ou calotte rouge ornée d'un long gland bleu. Il n'y a pas très-longtemps que les Grecs portaient encore le Turban, mais, cette coiffure est absolument proscrite depuis qu'ils ont reconquis leur indépendance. les Grecs portent les cheveux longs, ils se rasent le menton, mais laissent croître les moustaches.

En hiver ils jettent pardessus leurs vêtements un manteau sans manches, assez semblable pour la forme à un paletot fort ample, et qui ne descend pas plus bas que les genoux. La couleur de ce manteau est ordinairement brune, les chefs en ont de couleur pourpre, on les garnit souvent en dedans de fourrures.

Le costume de la femme est moins compliqué que celui de l'homme; comme toutes les Orientales, elles portent de longs pantalons, qui descendent jusqu'aux pieds et sont serrés par une coulisse au dessous de la cheville. Ce pantalon est généralement fait d'une étoffe de soie rayée et forme sur les hanches et sur les cuisses des plis pleins de grace. Pardessus elles ont une robe ouverte par devant, laissant voir la poitrine et la chemise qui est presque toujours de soie, on la serre autour des hanches avec la ceinture zona, dont les deux extrémités garnies de long effilés tombent sur le côté. Les manches de cette robe, sont excessivement amples à leurs extrémités et laissent apercevoir les manches de la chemise, qui sont au contraire très-étroites.

Les femmes ont presque toujours la tête nue, leurs cheveux sont longs et flottent sur les épaules et la poitrine, le plus souvent elles y suspendent un voile d'une extrême finesse, d'autres fois, elles se ceignent le front d'une bandelette d'étoffe légèrement tordue, qui vient former sur l'un des côtés de la tête une sorte de cocarde, et dont les extrémités brodées avec recherche, flottent sur l'épaule, elles placent coquettement des roses et des œillets dans leurs cheveux. Quant à leur chaussure, elle ne diffère de celle des hommes que par sa finesse et la richesse de ses broderies.

Au résumé, le costume des Grecs, hommes et femmes, est rempli de grace et d'élégance, et respire dans son ensemble une agréable volupté.

FIN.

DESCRIPTION DES COIFFURES.

Nᵒ 1 et 2, Coiffures par **CROIZAT**.

Aujourd'hui, le besoin d'un changement dans la coiffure se fait sentir plus que jamais, car plus que jamais les femmes sont habiles à se coiffer elles mêmes. Déjà l'an passé nous pensions obliger le sexe de recourir à nous pour les coiffures parées, en le privant de la grosse boucle, et du bandeau lisse; nous pensions que les anglaises crépées seraient d'une exécution moins facile pour des doigts d'amateurs, mais malheureusement l'expérience nous a démontré que rien n'est impossible à des mains de fées, et qu'à moins d'un bouleverse-

LES CENT-=UN

On souscrit à la Direction, rue de l'Odéon, 33.

1 et 2-Composition nouvelle de Croisat — 3-Coiffure de mariée par M.e Victor Elie — 4-Coiffure de mariée par Puget, exécutée sur un nouveau peigne.

ment total dans les usages , le coiffeur aura bien de la peine à éviter les empiétement d'un sexe toujours disposé à s'initier dans les secrets de notre art. Il y a deux ans, l'occasion était belle pour nous de rétablir nos droits et notre fortune, et les coiffures à la renaissance (coiffures à quatre mains) par la difficulté qu'elles offraient, nous fournissaient le moyen de dicter enfin la loi à nos coquettes clientes, dont faute d'ensemble, il nous a fallu subir le joug. C'est comme une fatalité pour notre corps d'état que de ne pas savoir s'entendre pour l'adoption des modes nouvelles. Il y a bien eu un certain nombre de coiffeurs qui ont essayé de donner un essor à ce nouveau genre , mais qu'est ce petit nombre de partisans comparativement à ce qu'il faut pour bouleverser les boudoirs et les têtes : Messieurs les tailleurs ont bien plus d'esprit que nous lorsqu'à chaque saison ils adoptent en masse le plus léger changement que les grands coupeurs de Paris apportent dans le costume. Aussi depuis que l'intérêt unit si bien ce corps d'état, n'est-il plus possible d'user ses effets si l'on veut être mis à la dernière mode. Mais parlons de notre coiffure à cinq étages de coques et a deux ligatures, et voyons si cette fois nous serons assez heureux pour opérer un changement dans cette coiffure dont rien ne séloigne en apparence de nos usages ; il y a beaucoup de difficulté dans l'exécution : La difficulté, s'entend, n'existe que pour les personnes qui voudraient se coiffer elles-mêmes. Cette mode contient aussi un autre avantage mais cette fois c'est tout à fait au profit de nos clientes. Cet avantage le voici : la chevelure de derrière divisée en deux parties, c'est-à-dire, que la moitié étant liée au sommet de la tête, et l'autre au bas de l'occiput, on peut accompagner le col par des masses flottantes, et exercer en même temps sur les yeux une heureuse influence au moyen des masses qu'il est facile d'établir sur le sommet. Ce problème qui restait à résoudre ne manquera pas de faire plaisir aux dames qui ont le col un peut court et la figure pleine, surtout à celles qui, ne se livrant pas au plaisir de la danse, ne montrent leur parure que par devant.

Exécution. — Les cheveux de devant sont séparés d'avec ceux de derrière par une raie droite qui prend d'une oreille à l'autre ; les cheveux longs sont séparés en deux parties au moyen de deux raies de chair formant le V, avec les cheveux du bas je fais trois tresses circassiennes ou autre ; avec l'une des tresses je forme un 8 sur l'occiput, les deux autres tresses sont ramenées vers le sommet de la tête comme pour cacher les raies de chair et l'excédant des nattes sert à former les deux petites coques qu'on apperçoit par en haut. Cela fait, on place son épingle (épingle lombarde) et l'ont rabat la masse de cheveux d'en haut par dessus l'épingle. La pointe des cheveux s'en va en passant par dessous les nattes se perdre au pied du chou. Les pointes de cette forte mèche étant nattées compliquent un peu le nœud de tresse, chose fort à propos, attendu que le chou n'étant composé que d'une seule natte, il manquerait d'ampleur. Deux petites épingles à l'italienne plantées dans les liens d'en bas, viennent mettre le fini à ce derrière de tête. Le devant se forme de quatre mèches bien crépées et formant quatre étages de coques flottantes et dont les pointes vont se perdre sous la cinquième coque posée sur le sommet de la tête.

Na 3. Coiffure par M. **VICTOR ÉLIE.**

Un chou de coques enlacées et lissées avec de la bandeauline épaisse forment la première opération de cette coiffure. La seconde consiste dans la façon des touffes qui se font en boucles crépées et allongées sur le doigt et dans la pose du diadème de fleurs. Ceci n'offre rien qui ne soit connu des coiffeurs qui ont un peu l'habitude de la coiffure des femmes, ce qui je crois, offre le plus d'attrait et de nouveauté c'est la pose de l'écharpe qui placée en bouillon circulaire représente une corbeille contenant la fleur d'oranger et les cheveux.

Cette pose la voici : On prend son écharpe par le milieu, on double le tissu en posant les broderies un côté sur l'autre et puis on forme une certaine masse de tuyaux. Cela fait, on pose l'écharpe à cheval sur le devant du chou, entre la guirlande et les coques et on la fixe au moyen d'une épingle noire qui va rencontrer le cordon, et puis on termine sa corbeille en faisant quelques plis de chaque côté du descendant.

Nº 4. Coiffure par M. **PUGET**.

Cette coiffure est exécutée sur un peigne métallique de forme nouvelle, ce peigne ayant de chaque côté de la denture une branche garnie de piques qui s'étend en forme d'aile d'oiseaux, donne la facilité de faire sans le secours d'aucune épingle le nœud de tresse qui compose le chou, le voile légèrement fendu par le haut est introduit au travers des branches du peigne en passant par dessous et s'en va former une tuyeauté en auréole qui garnit le devant du chou. La Palme d'oranger qui plane par dessus le voile se place en dernier lieu.

PATHOLOGIE DU SYSTÈME PILEUX, *

OU MALADIES DES CHEVEUX.

§ I. — ÉTIOLOGIE.

L'affection dont il s'agit ne se rentontre le plus souvent que chez des sujets plutôt jeunes, scrofuleux, à peau fine, de constitution lymphatique, transpirant difficilement, prédisposés à des maladies cutanées.

La cause prochaine, ou l'essence de la xérotrixie, consiste dans la suppression de la sécrétion huileuse du bulbe, ou en d'autres termes dans l'absence ou diminution de l'huile animale qui, dans l'état naturel, pénètre la pulpe de la tige capillaire. Cette suppression est toujours le résultat d'une irritation particulière du bulbe ou de l'organe sécréteur de la matière en question. Or, les causes capables d'irriter ainsi le système bulbien, sont de deux ordres, les unes constitutionnelles, les autres locales.

Parmi les premières je dois ranger, 1º *les phlogoses chroniques abdominales.*

On trouve dans la dissertation sur la gastro-duodénite chronique, par M. le professeur Geddings d'Amérique, ces phrases remarquables : « Dans la gastrite-» duodénite chronique, dit-il, la peau devient assez souvent sèche comme du » parchemin, pâle et dure ; elle perd sa sensibilité, acquiert une apparence » écailleuse et comme bigarrée. Cet état de la peau a de l'influence sur les » cheveux qui deviennent secs et durs ; quelquefois aussi ils acquièrent un sur-» croît tel de sensibilité qu'ils sont douloureux au toucher ».

J'ai eu plusieurs fois, dans ma pratique, l'occasion de vérifier la justesse de l'observation de M. Geddings, et il n'est même pas difficile de se rendre raison du phénomène lorsqu'on pense à la grande sympathie qui existe entre les deux

* *Traité du Système Pileux*, par M. le Docteur Boucheron, 1 vol. in-8.

appareils cutané et digestif, sympathie qui a été très-bien signalée par le père de la médecine dans un de ses aphorismes. La circulation étant toute pour ainsi dire concentrée sur l'appareil digestif, il n'y a rien d'étonnant que la peau se dessèche, devienne terreuse, languissante, et que les cheveux qui en sont une dépendance participent à cet état. Les bulbes des cheveux et des poils qui peuvent être regardés comme de véritables glandes sécréteurs, ne sont pas les seules à suspendre leur sécrétion dans cette circonstance; les cryptes sébacés de l'appareil dermique se trouvent dans le même cas.

2° *L'insolation et la malpropreté*. Il n'est pas rare de rencontrer la xérotrixie chez quelques personnes du peuple qui joignent à la malpropreté de la tête l'habitude de ne pas couvrir cette partie durant leurs travaux habituels à l'air libre et au soleil; c'est ce que j'ai vu chez quelques ouvriers des deux sexes. J'ai observé le même fait chez des femmes atteintes de manie, ce qui pourrait à la rigueur dépendre aussi d'un vice d'innervation locale. La vermine sur la tête produit quelquefois le même effet en irritant les bulbes comme les causes précédentes.

3° *Enfin, les éruptions dartreuses du cuir chevelu*. Toutes les éruptions cutanées du crâne peuvent à la rigueur occasionner la xérotrixie; mais ce sont surtout celles de nature dartreuse, et principalement la dartre furfuracée, qu'on voit le plus souvent en concurrence avec la sécheresse capillaire. Il est probable que l'irritation de la maladie éruptive se communique non seulement aux cryptes intercapillaires, mais encore aux bulbes et aux chatons pilaires de la même région, de là la sécheresse écailleuse des cheveux. Le même phénomène s'observe aussi dans quelques variétés de teigne dont nous parlerons plus loin.

§ II. — SYMPTOMATOLOGIE.

Les symptômes de la xérotrixie varient suivant la cause qui les produit. Examinés sous le rapport physique, les cheveux atteints de sécheresse offrent des caractères faciles à saisir : ils ressemblent jusqu'à un certain point à ceux des cadavres qu'on exhume après quelques semaines de la mort; c'est-à-dire, ils sont ternes, crispés, terreux, et plus ou moins entremêlés. Observés au microscope, ils paraissent couverts de petites écailles, ce que j'attribue à la desquammation de leur gaîne épidermique. Chez quelques sujets la tête et toute la masse des cheveux est couverte de petites écailles furfuracées qui tombent en secouant les cheveux et en les peignant; cela a lieu chez les personnes dont la xérotrixie est compliquée d'une affection dartreuse.

§ III. PRONOSTIC.

Le pronostic est aussi variable suivant les particularités de la maladie. Lorsque la xérotrixie est simple, c'est-à-dire non dartreuse et que la cause paraît facile à combattre, le pronostic est favorable; il doit être toujours réservé dans le cas contraire. En général, le pronostic est plutôt fâcheux lorsque l'alopécie ou la chute des cheveux a lieu plusieurs fois, car elle finit le plus souvent alors par la calvitie.

§ IV. TRAITEMENT.

Je ne m'occuperai ici que de la seule sécheresse des cheveux, car de l'alopécie et de la calvitie qui en sont souvent la conséquence, j'en parlerai plus loin. Le traitement de la xérotrixie est constitutionnel et local à la fois.

Le traitement général est entièrement basé sur la nature de la cause. Il suffit à lui seul quelquefois pour la guérison de la xérotrixie.

Un précepte applicable au traitement local de plusieurs maladies des bulbes, c'est de *couper les cheveux*, je dis *couper* et non *raser*, car le passage du rasoir sur le cuir crânien n'est pas toujours sans inconvénient, surtout chez les sujets très-irritables ou dont la tête est plus ou moins couverte de croûtes. On comprendra aisément l'importance de ce précepte en réfléchissant qu'on peut de la sorte appliquer de près les topiques convenables sur les bulbes.

On commencera donc par couper les cheveux à un demi-pouce environ du derme aux sujets atteints de xérotrixie, et tout en administrant intérieurement les remèdes anti-nerveux, anti-scrofuleux, anti-phlogistiques, évacuans ou autres suivant l'indication générale qui résulte de l'analyse du sujet, on appliquera localement une médication proportionnée au dégré et à la nature de l'iritation bulbienne. Chez les uns, ce sont les lotions d'eau fraîche sur la tête qui réussissent le mieux; chez les autres, les fomentations d'eau tiède. Le liquide dans ce cas sera rendu, tantôt émollient, tantôt résolutif à l'aide de la racine de guimauve, de l'acétate de plomb très-étendu, de pétales de rose, d'un peu de son, etc. Chez d'autres enfin, ce sont les corps gras qui conviennent de préférence, pour leur en frictionner le cuir chevelu, tels que l'huile d'amandes douces froide ou tiède suivant la saison, l'huile *fuligineuse* (1), la pommade du même nom (2), la pommade de comcombre, ou bien de l'axonge pure, lavée trois fois dans de l'eau de rose, fondue au bain marie et parfumée à froid, telles sont les substances que j'emploie localement. Je me sers de ces moyens en les combinant diversement suivant les cas : ordinairement je fais usage des illinititions grasses le soir, et je fais tenir la tête couverte pendant la nuit avec un bonnet de taffetas gommé. Les lotions aqueuses et principalement savonneuses je les fait employer dans le jour.

Il est impossible de déterminer d'avance avec précision la durée nécessaire du traitement pour dissiper la xérotrixie : plusieurs mois et même des années sont quelquefois nécessaires avant de parvenir à modifier convenablement la faculté sécrétaire du bulbe. Les cheveux doivent être recoupés chaque fois qu'ils ont acquis de la longueur s'ils ne présentent pas en même temps les conditions de souplesse et le brillant qui leur sont naturels.

---

(1) On prépare l'huile fuligineuse de la manière suivante :

	onces
Prenez : Huile d'olives.............	15
Suie de cheminée.........	4

Faites bouillir à petit feu pendant vingt-quatre heures, et passez avec expression.

(2) La pommade fuligineuse se prépare de la manière suivante :

Prenez : Suie de cheminée. } de chaque 2 onces.
Axonge......... }

Faites bouillir à un feu doux pendant six heures ; laissez refroidir ; mêlez bien avec une spatule et conservez pour l'usage. (*Gazette médicale de Paris*, 1835, p. 153.)

ANNONCES.

IMPRIMERIE DE MOESSARD ET JOUSSET, RUE FURSTEMBERG, 8.

Les Cent-un.

Indiens.

Planche Historique.

Turcs.

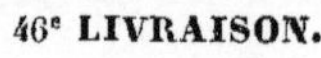

46ᵉ LIVRAISON.

HISTOIRE DE LA COIFFURE ET DU COSTUME

DEPUIS L'ANTIQUITÉ JUSQU'A NOS JOURS.

OTTOMANS ET INDIENS. — TURQUIE.

Au moment où tous les regards se tournent vers l'Orient et surtout vers la Turquie, nos lecteurs nous sauront gré sans doute de leur donner quelques détails sur l'histoire, les mœurs et le costume de ces peuples que généralement on ne connaît que de nom, ou bien encore que par des ouvrages empreints de ce caractère merveilleux qui domine dans tous les récits des voyageurs.

L'origine des Turcs, comme celle du plus grand nombre des nations, se perd dans l'obscurité des temps, l'opinion la plus généralement adoptée les fait sortir des déserts brûlants de l'Arabie; nous ne discuterons pas cette opinion, les limites de cet ouvrage, ne nous le permettent pas, et puis, nos discussions n'aboutiraient peut-être qu'à grossir d'un, le nombre des sentiments émis à cet égard, et c'est chose fort inutile. Quoiqu'il en soit, les premiers pas de ces Turcs, furent comme ceux des Francs, rapides et décisifs. Ce fut Othman ou Ottoman qui fonda cet empire auquel il donna son nom, vers l'an 1298 de notre ère; ses successeurs, hommes de talent et d'énergie, marchèrent de conquête en conquête, l'empire grec fut envahi, les Césars trop faibles et trop lâches pour faire face à de si rudes antagonistes, se virent enlever une à une les plus belles provinces de leur empire, les plus beaux fleurons de leur couronne impériale, enfin le 29 mai 1453, le fameux Mahomet II, s'empara d'assaut de Constantinople, le croissant renversa la croix; le dernier empereur retrouvant un peu de courage, se fit bravement tuer sur la brèche, puis tout fut dit de l'empire grec, il s'effaça pour faire place au vaste empire Ottoman. Maîtres de cette ville importante, les Sultans marchèrent avec une effrayante rapidité dans la voie des succès, un instant leurs armées innombrables et vaillantes firent trembler l'occident ; deux fois Vienne vit sous ses murailles les Janissaires et les Spahis; l'Italie fut menacée, le pape éprouva une si vive terreur, qu'il institua la prière de l'angélus, enfin il ne fallut rien moins que l'épée du prince Eugène pour refouler ces hordes envahissantes.

Tout-à-coup les Czars descendent dans la lice, les Sultans se ruent sur ces nouveaux adversaires, mais ils sont vaincus et obligés de défendre à leur tour les frontières de leur empire, eux accoutumés à attaquer. Dès lors tout change, par une fatalité terrible, le sérail ne produit plus que des princes sans énergie et sans talents, et dont la trop grande confiance dans leurs prétendus amis d'occident active encore la ruine de l'empire, cette ruine est plus rapide encore que ne l'avait été la prospérité. De tous côtés éclatent les rebellions fomentées par l'or et les agents de la Russie; la bataille de Navarin rend la Grèce indépendante, le pacha d'Égypte, le brave Méhémet-Ali, brise le joug de l'obéissance, et proclame la reconstitution d'un nouveau royaume égyptien. Aujourd'hui l'empire Ottoman n'est plus qu'un vaste et inerte cadavre qui menace ruines de toutes parts; d'avides protecteurs se disputent ses lambeaux,

c'est une immense curée, que le faible Sultan ne peut et ne veut empêcher,
énervé qu'il est par les délices du sérail. La guerre est imminente, la perte
définitive de l'empire turc en sera la première conséquence, puis tout sera dit;
à moins, toutefois, que l'habile Méhémet-Ali ne parvienne à briser les rets
dont on l'environne et à retremper les ressorts usés, qui font mouvoir, cette
vaste machine. C'est ce que l'avenir nous montrera.

Avant la réforme qu'introduisit, il y a quelques années, Mahmoud père du
Sultan actuel Abdul-Medjid , le costume des Turcs était grave et plein de majesté : Il consistait dans une chemise de toile de lin, de mousseline ou de gaze,
à manches larges , rondes par le bas et sans col, comme celles des femmes de
nos jours; mais cet usage de porter du linge de corps n'est pas général en Turquie, il est exclusivement l'apanage des personnes riches. Par dessus cette chemise, on plaçait une camisole de futaine ou de toile piquée, et un caftan, espèce de soutane faite d'une étoffe plus ou moins riche, selon le rang et la
fortune de celui qui la porte, et qui descendait jusqu'aux talons. Le caftan se
boutonnait juste au corps, et dessinait les formes de la poitrine, on le serrait
autour des hanches avec une large ceinture qui n'était le plus souvent qu'un
beau cachemire et à laquelle on suspendait le poignard et les pistolets, armes
de luxe, soigneusement travaillées, et sur lesquelles on voyait étinceler l'or,
l'argent et les pierreries. Les manches du caftan étaient étroites, et descendaient jusqu'aux poignets. Enfin venait un pardessus, long et ample, de simple étoffe en été, mais soigneusement et chaudement bordé et doublé de fourrures en hiver. Sous ces vêtemens si compliqués, les Ottomans portaient en
outre, un pantalon rouge fort large, au bas duquel on cousait une semelle
de maroquin, dont le talon était garni d'un demi-cercle de fer poli. En temps
de pluie, ou pour monter à cheval, ils chaussaient des bottines de maroquin
rouge, jaune ou noir.

La coiffure nationale était le turban dont l'arrangement, la forme et la grosseur faisaient la distinction des rangs et des conditions. En général le turban
de la classe riche était toujours d'une grosseur considérable, serré au milieu,
large sur les côtés; celui du peuple au contraire, était de forme circulaire, un
peu élevé sur le devant, et beaucoup plus gracieux que celui des gens riches,
dont quelques-uns ressemblaient dit Tavernier à d'énormes potirons.

En hiver, les Turcs portent un ample manteau rouge à capuchon et à manches, et dont ils s'enveloppent entièrement comme les moines du moyen-âge.

L'habillement ordinaire du Sultan, ne différait de celui de ses sujets que
parcequ'il était plus long , mais quand il assistait à une grande cérémonie, il
déployait un luxe et un faste écrasans. Il portait alors un caftan de soie ou de
velours brodé en or, un pantalon de couleur rouge, des pantoufles délicate-
ment découpées, un pardessus à manches courtes, de même étoffe que le caftan, garni de fourrures d'hermine formant palatine. Sa ceinture large et de
riche étoffe était garnie de rubis et de diamants, quant à son turban, il avait
une forme polygonale, un peu évasée par le haut, orné sur chaque face d'une
plaque de rubis, et sur le devant d'une forte aigrette qui dominait tout le turban. Dans le sérail, ce turban fort incommode du reste, et plus riche qu'a-
gréable à voir, faisait place à un autre absolument semblable à celui du chef
des eunuques, que nous donnons, et seulement orné d'une plaque de diamants et d'une aigrette. Voyez fig. 1.

Le costume que nous avons dépeint ne convenait pas cependant aux Ottomans de toutes les conditions, à l'exception du caftan, vêtement national
comme la fustanelle des Grecs. Ainsi le costume des Schoglans ou pages du
Sultan, se composait simplement du caftan, avec une ceinture de maroquin

rouge, brodée d'or, et au lieu du turban, d'une sorte de bonnet grec de couleur jaune. La coiffure des domestiques du sérail et surtout des gens employés à la cuisine était un bonnet ou chapeau conique; leur caftan relevé de chaque côté, laissait apercevoir un pantalon, qui, contrairement à la mode turque s'arrêtait au genou, le bas de la jambe était garni d'une sorte de bas.

Ce qui distinguait le Bachi-chiaoux ou chef des huissiers, c'était une plume de corbeau, placée devant le turban en guise d'aigrette et une verge de justice ou plutôt une canne terminée par un croissant. Le Muphti (chef de la loi) avait un pardessus plus grand et plus ample que celui des Ottomans ordinaires, il portait un turban énorme, composé de deux masses qui se croisaient sur le devant.

Les Jannissaires, ces soldats si turbulents et si puissants, que Mahmoud fit exterminer, avaient la tête couverte d'une large coiffure, derrière laquelle pendait une pièce de mousseline, et sur le devant était placée comme une aigrette la cuillère avec laquelle ils mangeaient le pilou.

Les Turcs portent la barbe et les moustaches longues afin d'avoir l'air plus respectables, la plus grande insulte qu'on puisse leur faire, c'est de leur raser le menton. La barbe est l'ornement naturel de ces peuples, comme la feuille est celui de l'arbre, ou plutôt comme la crinière est celui du noble coursier: ils se rasent la tête à la réserve d'une petite touffe de cheveux qu'ils laissent au sommet, c'est par là qu'ils pensent que Mahomet viendra les enlever pour les transporter au ciel. Leurs barbiers sont d'une habileté remarquable pour raser la tête, il n'en est pas toujours ainsi du visage : Quand ils manquent d'ouvrage dans leurs boutiques, ils se mettent à parcourir les rues, comme nos marchands ambulants, la serviette sur l'épaule gauche, le coquemard à la main, un long cuir à repasser suspendu à la ceinture; un sac de cuir contenant les outils, et un tablier complétant ce pédestre costume. On leur fait signe, on les appelle, ils entrent dans les maisons, mais le plus souvent, ils rasent en public, sur le seuil des portes.

Tel était à peu près le costume des Ottomans, lorsque Mahmoud poussé par l'esprit d'innovation, voulut en modifier les différentes parties. Le caftan et le pardessus cédèrent la place à nos redingotes étriquées, un étroit pantalon remplaça les larges caleçons, enfin au turban il substitua la calotte grecque avec le gland touffu. C'est une chose pitoyable et risible en même temps que de voir ainsi affublés des hommes graves et silencieux, qui se font une gloire de ne pas rire. Au dire de tous les orientalistes ils sont affreux à voir aujourd'hui; on ne saurait mieux les comparer qu'à ces automates de cire que l'on place devant les cabinets de figures, pour attirer la foule.

Mais si le costume de l'homme a changé, celui de la femme n'a subi que de de très légères modifications; généralement il diffère peu de celui que portait les hommes avant la réforme. C'est toujours le caftan, la ceinture, un pardessus large et traînant, mais seulement, l'étoffe qu'elles emploient est plus fine, la coupe est plus recherchée, les broderies plus riches, les perles, les rubis, les diamants étalés avec plus de profusion. Leur coiffure quand elles sortent du harem , ce qui est fort rare, consiste dans un bonnet polygonal de drap d'or ou d'argent, ou de velours richement brodé, et orné par devant d'une aigrette assujétie par une rose de diamants, mais quand elles sont dans le harem , leur coiffure se simplifie, tantôt elles s'entourent négligemment la tête d'une longue écharpe, qui laisse échapper les tresses des cheveux qui, suivant la mode turque, descendent jusqu'aux hanches; tantôt ce sont plusieurs bandes d'étoffes de couleurs différentes , qui forment un turban plein de grâce et qui laisse apercevoir de petits crochets de cheveux sur chaque tempe, le tout surmonté d'un pan d'étoffe semblable à celle du turban, et remplissant les fonctions de voile, lorsque ce n'est pas une mousseline lamée qui remplit cet objet.

Rien n'est plus galant et plus gracieux que leur chaussure : elle consiste dans un petit chausson de maroquin blanc brodé d'or, d'argent et de perles et dans une pantoufle de même cuir et de même couleur.

Les femmes ne paraissent que très rarement en public, encore ont-elles alors, le visage couvert d'un voile de mousseline double qui descend depuis la naissance du nez jusqu'à l'estomac, et le reste du corps est enveloppé dans une espèce de mantille de drap ou de camelot. En général elles sont excessivement sédentaires, et passent leurs journées dans le harem, accroupies sur un sopha. Cette espèce de réclusion à laquelle les Turcs condamnent leurs femmes, est une conséquence de leur opinion sur leurs épouses : ils pensent que la femme n'a été créée que pour leurs délices, et qu'elles ne doivent avoir en vue que leur bonheur.

Il faut cependant se garder de croire que cette captivité exclut toute intrigue amoureuse, tout sentiment de coquetterie; comme elles ne pourraient, sans courir de grands périls, correspondre avec leurs amants, elles ont recours aux *Selams* bouquets de fleurs dont elles se servent en guise de lettres. Tout est mystérieux et symbolique dans ces bouquets : par le choix des fleurs, par leurs divers arrangements ils expriment la tendresse, l'impatience, la douleur l'espérance, en un mot, tous les mouvements d'un cœur passionné. Les Turcs poussent au plus haut degré l'exaltation amoureuse, souvent ils viennent se poser sous les fenêtres de leurs belles, puis se débarrassant de leurs turbans et de leurs caftans, ils se pratiquent, avec leurs poignards, une saignée, pour exprimer plus éloquemment leur passion.

Il nous reste à parler du caractère de cette nation. Les Ottomans sont braves, humains, religieux, charitables à l'excès, ils détestent la médisance, mais en revanche ils sont comme les Grecs, fourbes, et d'une insigne mauvaise foi, avares, sordides et par dessus tout ingrats.

Les Albanais bons et braves soldats, semblables aux routiers du moyen-âge dont ils imitent les déprédations et le brigandage, se mettent au service de quiconque veut les acheter; on en trouve dans les armées du Sultan, dans celles du vice-roi d'Égypte, et jusqu'en Perse; ils ont un costume presque semblable à celui des Grecs modernes, à l'exception, toutefois, d'un ample manteau, bordé de bandes rouges, et qu'ils portent fièrement sur l'épaule gauche.

Les Arméniens hommes et femmes portent le même costume que les Turcs, nous ferons cependant observer qu'il leur est expressément défendu de chausser des babouches jaunes, comme les ottomans, il ne leur est permis que d'en porter de rouges.

Quant aux Juifs qui pullulent à Constantinople, ils sont en haine à tout le monde, obligés de s'habiller de noir, couleur qui est un signe d'opprobre, et que les Turcs infligent comme punition à leurs esclaves lorsqu'ils en sont mécontents.

INDIENS.

Les documents sur les Indiens ne sont pas aussi communs que pourraient le faire croire la renommée dont ils jouissent et la richesse du pays qu'ils habitent, on pourrait même dire que le seul ouvrage remarquable sur ce sujet, est celui que MM. Chabrelié et Burnouf ont publié en 1827, et dont nous avons extrait les détails suivants.

Longtemps la France eut dans les Indes des possessions immenses, pendant la durée du xviiie siècle, elle domina sur toute la côte orientale de la grande presqu'île de l'Inde, mais les Anglais l'en dépossédèrent, et aujourd'hui nous n'avons plus que quelques comptoirs sans importance dans ces belles contrées.

Brahma est la divinité la plus en faveur parmi les Indiens, les Brahmanes ses sectateurs sont excessivement nombreux, Vichnou et Schiva jouissent après lui d'un grand renom, mais ces dieux n'ont pas de temples spécialement affectés à leur culte; on voit souvent leurs images figurer dans la même pagode, car aucun peuple ne peut être aussi tolérant que le peuple Indien, en matière de religion. La marque que chaque individu porte sur le front indique seule le culte auquel il appartient. L'Inde compte aussi beaucoup de Musulmans dont les mœurs sont tout à fait patriarchales.

Le costume des Indiens se compose généralement d'une tunique sans col, à manches longues et étroites, ouverte devant comme une redingote, serrée autour des hanches par une ceinture de cachemire, et descendant un peu plus bas que le genou. Par-dessous cette tunique ils ont un pantalon fort ample et serré par une coulisse au-dessus de la cheville du pied. Ce costume est léger, commode, et ne manque pas de grâce. Ils portent un turban dont la forme est ordinairement fort basse et large. Leurs pieds sont nus et renfermés dans des babouches à pointes recourbées (A). Dans d'autres régions le costume se simplifie encore et se compose à peu près comme celui des femmes, d'une pièce d'étoffe roulée autour des hanches et formant une jupe retroussée entre les jambes, de manière à imiter un ample pantalon (B) et dont une extrémité tourne en spirale sur le corps pour aller flotter sur les épaules. La partie supérieure du corps est complètement nue, la coiffure est faite d'un cachemire tordu, et roulé en bourrelet autour de la tête, de manière à laisser le sommet du crâne à découvert. Aucune chaussure ne protége leurs jambes.

Les Indiens en général ne portent pas de barbe, mais ils laissent croître leurs moustaches, qu'ils relèvent en crocs comme les Espagnols, ce qui donne à leur physionomie un air hardi et déterminé. Ils se rasent la tête, à l'exception d'une touffe de cheveux, qu'ils laissent croître sur le sommet de la tête, et qu'ils nouent comme nos femmes. On en voit cependant qui laissent croître leurs cheveux, et qui les arrangent sur l'occiput avec toute la coquetterie d'une petite maîtresse de nos jours. Leurs barbiers n'ont pas la même habileté que ceux des Turcs, ils n'ont souvent pas de boutique, et exercent en plein vent leur profession ; ils sont en même temps chirurgiens, comme nos barbiers du moyen-âge qui portaient le nom de chirurgiens-barbiers. Leurs femmes peignent les marques qui se trouvent sur le front des Indiens, les sourcils, les lèvres des femmes, ainsi que leurs ongles, et la plante de leurs pieds.

Les femmes indiennes portent un costume qui par sa simplicité et sa grace, se rapproche beaucoup, sauf la nudité, de celui des femmes hébraïques. Il se compose d'une seule pièce d'étoffe de soie ou de coton, nommée *Pyjaamah*, et tissue exclusivement pour cet usage. Cette pièce longue de dix-huit à vingt pieds, et large de deux et demi environ, est toujours ornée d'une bordure de couleur différente; elle est généralement à fleurs, une de ses extrémités et roulée plusieurs fois autour des hanches, est assujettie par-devant; l'autre extrémité est gracieusement rejetée sur l'épaule.

Un petit corsage (*Vugiah*) dont l'usage est, dit-on, emprunté des Musulmans, couvre seulement le haut des bras, les épaules et la partie supérieure de la gorge, le reste du buste jusqu'à la ceinture est entièrement nu. Dans d'autres parties de l'Inde, et surtout dans les classes élevées de la société, les femmes

____

(1) Voyez fig. A. — (2) Voyez fig. B.

portent outre le pyjaamah, une sorte de jupe de riche étoffe qui descend depuis la ceinture jusqu'aux talons ; mais la partie supérieure du corps est toujours nue (C). Leurs oreilles sont ornées d'anneaux dont quelques uns sont démesurément grands, elles portent en outre des nezem comme les Persannes, leur cou, leurs bras, et jusqu'à leurs jambes qui sont toujours nus, sont couverts de colliers, de chapelets à grains de corails, de bracelets et de plaques d'or ou de métal précieux.

Elles ont en général une belle chevelure d'un noir de jais parfait, et dont elles prennent le plus grand soin. Après l'avoir lavée et bien essuyée, elles la parfument d'huile de jasmin, la séparent sur le front, et la ramenant tout entière sur la nuque, forment un chignon énorme serré par une large plaque d'or ou d'argent, qui relève encore l'éclat des cheveux. Les femmes indiennes de race musulmane ne se coiffent pas ainsi, elles forment de leurs cheveux une tresse qui descend d'ordinaire jusqu'à la ceinture, où elles entrelacent des fils et des rubans d'argent, noués au bas au moyen d'une rosette de soie rouge. Il n'y a guère que les musulmanes qui portent le voile nommé *députtah* qui est de la dimension d'un de nos draps de lit, en mousseline-laine, ou bien encore en mousseline de l'Inde, fabriquée à Décau, transparente et soyeuse et d'un prix très élevé. On l'attache au sommet de la tête à l'aide d'un ruban d'argent, et on le laisse retomber sur les épaules en plis onduleux, en le ramenant sur une partie de la figure. En grande toilette le députtah est garni de riches broderies et de bouillons de diverses couleurs qui dans un cercle nombreux de femmes produisent un effet ravissant.

Les Indoues ont en général la peau très jaune, mais cette couleur n'est pas naturelle, et n'est que le résultat de l'usage qu'elles ont adopté de se frotter la partie visible du corps avec du safran, leur vraie teinte est *Solitaire*.

Comme nous l'avons dit, les femmes de l'Inde ne portent point de bas, elles se contentent de mettre des babouches quand elles sortent. Cette chaussure a la forme d'une pantoufle sans talons, et se termine par une pointe recourbée. Le dessus est hérissé de paillettes, de petits clous à têtes d'or ou d'argent, imitant les dessins les plus gracieux sur un fond de velours ; pour les esclaves la babouche est garnie d'étoffe jaune ou rouge à bordure d'argent. La chaussure des hommes est la même, on en voit cependant qui en hiver portent des babouches à talons élevés en peau de chagrin.

Les Indiens comme tout les orientaux aiment le luxe et le faste extérieurs, il n'y a peut-être pas de femmes au monde qui aient à un plus haut degré la passion des bijoux que les Indoues, mais généralement elles ont mauvais goût et tiennent plus à la pureté de la matière qu'à l'exquis de la forme et de la main-d'œuvre. Les hommes sont meilleurs connaisseurs ; ils sèment de pierreries, leurs turbans, leurs ceintures et le manche de leurs poignards. Leurs mœurs sont simples, douces, polies, ils sont libres dans leurs conversations, mettent de côté toute gêne quand leur interlocuteur sait gagner leur confiance, et font preuve alors de la plus grande franchise. Ils sont en outre courageux, et bons guerriers, ils ont donné des preuves non équivoques de leur bravoure dans les guerres des Français contre les Anglais ; mais malheureusement, ils se laissent aller à la mollesse, et sont incapables d'entreprendre quelque chose de difficile et de laborieux ; voilà pourquoi ils sont devenus, et deviendront encore les humbles sujets de tout peuple qui voudra les asservir.

(C) Il est probable que l'étoffe est bâtie par le haut, sur une ceinture, car autrement on ne pourrait obtenir l'ampleur nécessaire à la marche, et cette espèce de jupon ne présenterait aucune solidité.

LES CENT-UN.

Ouvrage Spécial.

1 et 2 – par Croisat. — 3, 4, 5 et 6 – par Andrieu, de Saint Petersbourg.

DESCRIPTION DES COIFFURES.

Nos 1 et 2, Coiffures par **CROIZAT**.

1. Une chute de longues boucles se déroulant pêle-mêle à travers des coques lisses ; une branche de roses posée sur la touffe gauche, et une tresse à jour qui, partant du bas de la coiffure, vient s'entrelacer avec la fleur pour aller se perdre au pied du chou, voilà ce qui compose ce désordre que j'oserai qualifier d'*aimable*. Car, si je saisis bien le sens de l'expression de notre auteur Boileau quand il dit qu'un aimable désordre est un effet de l'art, désordre signifie *abandon, laisser-aller, désinvoltoure*, comme disent les italiens. Si lon veut exécuter cette coiffure le moyen en est fort simple, il suffit pour cela d'avoir des doigts qui sachent former des tirebouchons sans raideur, poser une rose sans en altérer la fraîcheur, former des coques et savoir engencer des tresses sans faire la moindre retouche. Car ici il ne sagit point d'une coiffure compliquée, difficile, mais bien d'une composition simple, dont la suavité fait tout le mérite et qui n'aurait aucun charme si les masses manquaient de propreté et ne s'harmonisaient pas entre elles. Quoique cette coiffure soit donnée ici comme un échantillon de désordre, il ne s'ensuit pas cependant que c'est une coiffure du genre gracieux, non, et nous prions nos lecteurs de se reporter à la leçon sur l'air du visage page 67, livraison 33me pour s'assurer que ceci, d'après les règles de l'art, doit être classé dans la nuance la plus douce du genre sévère, celle qui se rapproche le plus du mixte.

2. Quand je dis, 33me livraison, qu'aux têtes régulières il faut des coiffures où les masses se dessinant avec pureté concourent toutes au même point de vue, n'est-ce pas dire que cette coiffure convient à des femmes aux traits caractérisés ?

Il est cependant des modifications à apporter dans la pose de la couronne par rapport à la coupe de la figure, et si le visage, qui est assez plein, était, au contraire, long ou maigre, le diadême devrait être baissé plus près de la naissance des cheveux sur le front. Comme aussi, la longueur des coques devrait être appropriée à celle du col.

Exécution. — Les cheveux se séparent en trois parties comme dans la coiffure N° 1 de la 45me livraison, de la partie de derrière qu'on noue aussi bas que possible, on en forme une grosse coque qui se fait en descendant et se fixe au-dessous du bourrelet, mais avant de fixer définitivement cette masse il est nécessaire de former son bourrelet avec les cheveux voisins ; pour cela on prend un rouleau de sept pouces environ, ayant un bout beaucoup plus mince que l'autre ; on peigne les cheveux en descendant (d'un côté de la tête s'entend) on y introduit le rouleau, le bout mince en avant ; on le couvre avec lesdits cheveux, et de la sorte il se décrit une raie de chair entre le bourrelet et les cheveux de derrière.

N'oublions pas de dire que les deux côtés se font de même et que les pointes des cheveux des deux fractions du bourrelet étant employées sur la ligature cela forme une espèce de fermoir qui peut, au besoin, être remplacé par un bracelet. Tout cela se fait avant la formation des coques, car pendant toute cette opération on rabat les cheveux en avant sur la tête et on les donne à tenir à la personne afin de ne pas en être embarrassé. Ce nouveau travail étant décrit nous revenons à notre chou de coques et nous disons que, comme il serait

difficile de faire tenir autant de cheveux avec une épingle, je conseille d'em
ployer une petite tresse ou un cordon pour fixer la masse auprès du lie
Cette coque étant faite, on divise les pointes en deux parties, on les crêpe, e
ensuite on forme les deux autres masses, les pointes rentrées en remontan
Les cheveux de devant, frisés par les pointes afin de former de longues boucl
derrière les oreilles, décrivent une deuxième raie de chair lorsqu'ils sont a
rangés en bandeaux mi-ceintrés.

Pour couronner l'œuvre et mettre le fini à cette nouvelle composition o
entr'ouve le bourrelet de chaque côté et l'on y introduit les bouts de la guir
lande afin de la fixer à l'aide d'une épingle sur le rouleau ouaté.

N. 3, 4 5 et 6 par **ANDRIEUX**, Coiffeur de S. A. I. à Saint-Pétersbourg.

3. Ceci est un espèce de bonnet, coiffure comme les grandes dames en porten
dans les soirées dansantes, aux concerts ainsi qu'au spectacle; son exécutio
la voici : Les cheveux sont noués, et sur le lien se pose par le milieu un lon
rouleau de 28 pouces. Ce rouleau, assez gros dans le centre, s'en va en effilan
par les deux bouts. Ledit rouleau étant à cheval sur le cordon on le couvre ave
des mèches de cheveux, et comme il est rare qu'une mèche soit assez longu
pour qu'on puisse couvrir quatorze pouces de rouleau, arrivé aux tempes o
se sert des cheveux de devant pour continuer le rouleau, et lorsque les che
veux sont trop courts dans cette partie on en ajoute, cela est indifférent. Lors
que le rouleau est couvert on le fixe à la manière des coiffures à la renaissance
et puis on passe sa dentelle ainsi quil suit : Un tuyauté garnit dabord le ba
du rouleau où l'on pose aussi une fleur, et puis la dentelle s'en vient, tou
en badinant passer par dessus le rouleau pour aller ensuite papilloter sur le
tempes où sont posées des fleurs de pêcher et de noisetier.

4. Une coiffure aussi basse que possible et faite à la volonté de l'artiste; de
anglaises de vingt-un pouces s'échappent le long du col et ne commençant
former touffe qu'à partir de la ligne du nez, voilà le travail préparatoire in
dispensable à la pose de cette couronne mi-renaissance.

Dans une coiffure antique la couronne irait se perdre dans le chou de coques
mais ici le cordon de fleurs se brise vers l'oreille pour remonter par dessu
le chou, de sorte que par derrière l'effet des fleurs est à peu près le mêm
que par devant.

5. Une chevelure nouée très bas et mouillée avec de la bandeauline de manièr
à former quatre longs rubans de cheveux, voilà la première opération d
cette coiffure de mariée. La seconde opération consiste dans l'enlacement de
mèches, chose qui n'a point de règle. Car on fait des enlacements de millefa
çons. Tout ce que je puis dire pour mettre le lecteur sur la voie de ce travail
c'est que chaque anneau de cheveux est lancé en-dessous du cordon et qu
les mèches reviennent toujours sur la ligature; qu'il y a deux rangs de co
ques et que pour éviter une trop grande régularité il faut çà et là faire passe
une coque dans une autre.

Le chou étant fini la fleur d'oranger se pose au-dessus des coques et le voil
qui a été plissé et fixé sur le devant de la coiffure est rabattu en arrière pou
envelopper la coiffure à la manière de Croisat.

Pour tout ornement, de légère fleurs ajustées sur des petits peignes entrecou
pent les touffes, et des bandeaux bien lustrés garnissent le front.

6. Figurez un 8 avec deux tresses circassiennes et traversez ce chiffre d'un
épingle vénitienne et vous aurez le secret de mon nœud. Quant au chiffon
c'est tout uniment un long bout de ruban posé par coques en manière de cou
ronne, et un rang de perles d'or couvre la raie de chair.

IMPRIMERIE DE MOESSARD ET JOUSSET, RUE FURSTEMBERG, 8.

47e LIVRAISON.

DESCRIPTION DE LA PLANCHE HISTORIQUE. -- TURCS ET INDOUS,
de la 46e livraison.

No 1 Kislar-Agassi ou chef des eunuques, ayant le turban national formé sur le tarbouc, ou calotte piquée en matelassée, pantalon froncé à la cheville, pantoufles brodées, caftan de soie brochée, ceinture garnie de rubis, et son manteau d'uniforme, blanc doublé de rouge.

— 2 Spahis en cavalier turc.

— 3 Nouveau costume turc.

— 4 Ancien costume de fantaisie de jeune seigneur.

— 5 Sultane ayant le par-dessus retroussé.

— 6 Costume d'un officier de marine.

A Jeune Indien : par-dessus blanc à pois rouge, pantalon rouge, pantoufles jaunes et turban violet.

B Homme du peuple vêtu du pyjaamah bordé de rouge. Sa coiffure est composée de deux étoffes, une rouge et une bleue.

C Femme de radjia ou princesse indienne.

D Artisans de Pondichéri.

E et F Indous assis écoutant prêcher un brahmane.

G Indienne de race othomane dont l'évantail indique la haute condition de sa maitresse.

Comme nous ne donnons que des coiffures en cheveux, on pourrait croire que les Indiennes bornent là toutes leurs variantes, tandis qu'elles ont la coiffure en foulard en mousseline, ou bien en madras, qu'elles font divinement bien. Ce genre de coiffure est toutefois celui des artisanes et même des domestiques, et nous en voyons souvent des échantillons sur les têtes de certaines négresses, et qui surpassent en grâce tous les évantails que se font les Bernaises, voire même les grisettes de Bordeaux.

ECHELLE DES PROPORTIONS.

ou

LA COIFFURE PAR RAPPORT A LA STATURE ET AU COSTUME.

Sixième leçon de l'Art de Coiffer. — Première partie.

Mon but, en publiant cet ouvrage, étant de faire connaître tout ce qui peut faire ressortir les avantages de la femme, je dois après avoir enseigné les diverses manières de séparer les cheveux, celle dont on doit les relever selon la conformation de la tête ; ce que doit être la coiffure par rapport à la coupe de visage ; et, aussi comment on doit la disposer par rapport à l'expression des traits. Je dois, avant de traiter de la coiffure par rapport à la stature, je dois, dis-je, indiquer quels sont les principes qui me guident, en général, dans l'exécution de mes coiffures, eu égard à la stature et au costume de la femme lorsque le miroir me la réfléchit ou bien qu'elle s'offre à moi.

Lorsqu'une femme se présente devant moi, à l'instant je me représente à l'imagination l'échelle académique, (voyez échelle **A**). Cette échelle qui donne la division d'un corps modèle, je la compare, d'un coup d'œil, à la femme que je suis appelé à coiffer, et à l'instant, je suis fixé sur l'ensemble de ses proportions, c'est-a-dire que je vois si la tête dans sa hauteur est bien proportionnée avec le corps, si l'épaisseur de la taille est élégante, si la largeur de la tête est analogue à celle du buste ; en un mot je vois si l'ensemble de la femme est harmonieux, ou bien s'il exige qu'on apporte des modifications dans certaines parties de la toilette.

Les proportions de l'échelle Académique, les voici : les corps se divisent en huit parties, dans la hauteur de la tête, il y en a une, du menton aux aisselles, une autre ; jusqu'à la ceinture, il y en a une troisième ; le bas ventre a une tête ; du haut de la cuisse aux genoux il y en a deux ; la jambe contient les septième et huitième parties.

La cuisse dans son épaisseur a une partie et le col dans sa longueur ainsi que dans son épaisseur n'en a qu'une demie : je dois faire observer que les proportions indiquées par l'échelle Académique que l'on trouve assez souvent dans l'homme, se voient rarement chez la femme, et que les jambes et les cuisses de cette dernière péchant presque toujours par la longueur, on est convenu de classer dans le beau idéal, les statues n'ayant que 7 têtes et demie et d'appeler belles femmes celles qui n'en ont que sept. Ce n'est qu'au moyen de ce régulateur que les artistes peintres et les statuaires parviennent à faire de ces figures admirables qu'on appelle académies, et c'est aussi en consultant ce guide sûr, que je puis me rendre compte si une femme a une stature convenable ou non ; observation fort importante autant pour le coiffeur que pour la couturière, car s'il est ridicule de faire une taille excessivement longue à une femme qui perd une partie depuis la ceinture

B
B
e c a b d f
e c a b d f
LES 101
7bre 1840 78
I
2
A
A
1
2
3
4
5
6
7
8
1
2
3
4
5
6
7
8
Nº 1 Mode de 1830.
Nº 2 Mode de 1840.
Echelles des proportions.

jusqu'aux pieds, il est aussi fort extravagant de bâtir une coiffure à la Monte-au-ciel, à celle qui a un cou de cigogne, c'est-a-dire ayant trois quarts de parties.

Lorsque je composai la Méthode de Coiffure, m'étant aperçu que l'échelle des proportions qui, jusqu'en 1831, servit seule de guide aux artistes, ne pouvait pas diriger en même temps les coiffeurs et les tailleuses pour l'ampleur à donner aux vêtemens, j'imaginai une seconde échelle qui a servi merveilleusement pour la confection des modes qui se sont succédé depuis ce temps, (voyez échelle B.) Cette échelle dont toutes les parties ne sont pas égales diffère de celle académique en deux points : 1° parce qu'elle se présente transversalement (voyez échelle B), et qu'elle donne la largeur d'après le visage et non d'après la hauteur de la tête; 2° en ce qu'elle ne contient que cinq parties au lieu de huit et que les mesures se prennent toujours à partir du centre de l'échelle, c'est-à dire de la partie qui donne la largeur du visage et qui sert de modèle pour toutes les autres.

Les lettres A B donnent cette partie modèle. C, D, en nous indiquant la largeur à donner au développement du corsage, désignent par les demie-parties qu'on remarque de chaque côté de la partie centrale, le volume qu'il convient de donner généralement aux touffes légères destinées à accompagner les coiffures bâties sur le sommet de la tête. E F qui contiennent cinq fois la largeur de la tête, font connaître quelle est la proportion à donner à la jupe d'une femme ayant une stature régulière et elles indiquent aussi quelle est le volume que peuvent supporter les bouffantes, lorsque celles-ci sont de mode, sans s'écarter cependant des règles du bon goût.

Il est un moyen fort simple pour pénétrer le lecteur des principes des échelles, c'est l'application de ces principes, faits sur les costumes les plus remarquables connus dans les annales de la toilette, soit par leur grâce, soit par leur discordance ; mais n'étant pas assez avancé dans la partie historique du costume pour pouvoir renvoyer le lecteur aux figures nécessaires à cette dernière partie de l'étude de l'échelle des proportions, nous partagerons cette leçon en deux parties. Celle-ci est la première, comme se rattachant à l'étude spéciale des échelles. La seconde, où je joindrai l'exemple au précepte servira à faire l'application desdits principes dans la pratique. J'ajouterai un mot d'explication sur mon échelle pour faire remarquer que le volume de chaque touffe est de la moitié du visage, et que les touffes qui rétrécissent plus ou moins le visage, selon qu'elles sont plus ou moins rapprochées des yeux couvrent plus ou moins les épaules, chose qu'il ne faut pas perdre de vue, car il est important de ne jamais donner à la coiffure du devant plus de largeur que n'en ont les épaules ; au contraire, il est toujours préférable d'avantager le buste, pour l'élégance de la taille. Cependant lorsque les bouffantes ont chacune une partie et demie, et que le costume a autant de largeur par le haut que par le bas comme 1830, alors le trait de l'épaule se confondant avec le gigot, les touffes en ailes de chauve-souris peuvent être admises ; exemple : la coiffure au nœud de coques que j'exécutai en 1825 sur la tête d'une jolie quêteuse, pour la messe de la Saint Louis qui fut célébrée à Saint Germain-l'Auxerrois.....(Coiffure qui faisait monter les amateurs sur leurs chaises afin de mieux voir ces coques nouées au pied, qui, je puis le dire sans crainte d'être contredit, ne sortirent du temple du Seigneur que pour s'en aller radieuses faire le tour du monde coquet.) Qui eût dit dans ce temps que les fameux gigots, les manches à l'imbécile et celles à la Marino-Foliéro se verraient éclipsées, je ne vous dirai pas par les crevés de la Ferronière ni les sabots de la Du Barry, mais bien par je ne sais quels atômes de manches qui laissent tellement le haut du bras nu que nos dames en partant pour le bal semblent avoir oublié chez elles une partie de leur costume.

DES RESSORTS MÉTALLIQUES,

ET

DES MONTURES DE PERRUQUES ET TOUPETS.
(Voyez planche aux Carcasses.)

Lorsque feu Tellier faisait une perruque ou un toupet métallique, on eût dit une cuirasse à l'épreuve du sabre et de la balle. C'était d'abord des oreillons pleins, faits en ferblanc épais, et d'une telle dimension qu'ils couvraient toutes les parties temporales ainsi que les apophyses. Ces oreillons étaient ajustés aux deux bouts d'une traverse d'une demi-ligne d'épaisseur, large d'un demi-pouce, et serrant, par conséquent, la tête, de manière à donner des migraines horribles aux individus les plus endurcis. Venait ensuite la bande molle ou traverse, avec son énorme croissant, le tout pesant cinq ou six onces au moins. Le vieux père Leblanc, ancien chaudronnier de la république et de l'empire et qui avait longtemps fait des casques pour la cavalerie, était le grand faiseur de l'époque; et parce qu'il avait forgé les coiffures des cavaliers, selon la conformation de la tête, ainsi qu'il le disait à tout venant, il ne souffrait pas la moindre observation, pas même lorsque les clients, blessés par sa ferraille, menaçaient de laisser l'ouvrage pour son compte; sa réponse à toutes les observations étaient celle-ci : J'ai fait des casques et je connais le marteau. Aujourd'hui, grâce à MM. Bresson, Viollier et Boudon, nous ne sommes plus, Dieu merci, exposés à tous ces désagrémens. Les carcasses sont légères, les rivés délicats, et leur trempe étant douce, on peut, avec de l'adresse et en consultant l'article de cet ouvrage *Toupets métalliques*, page 88, (14me livraison), modifier soi-même la forme des bandes et en diminuer ou augmenter la pression.

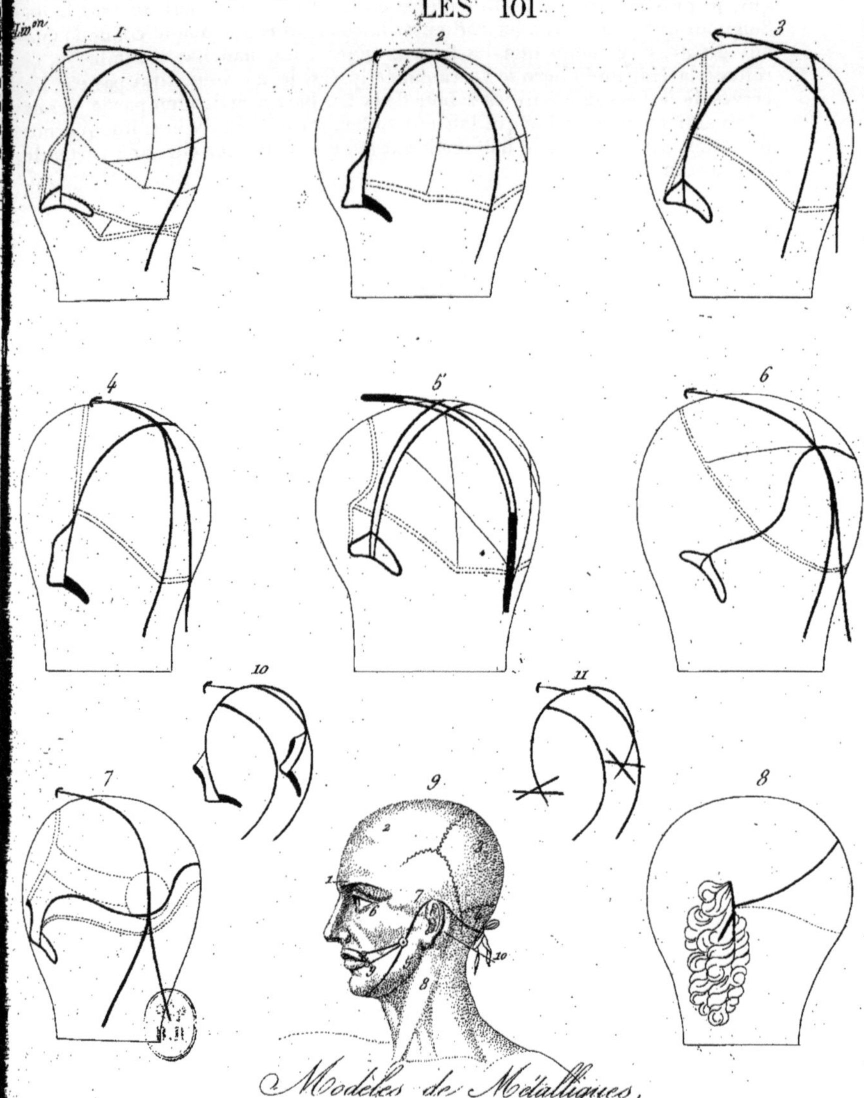

Modèles de Métalliques,
Pour Perruques Toupets Touffes et Barbes.

La légèreté et la grâce que les ressorts ont acquises depuis quinze ans, sont certainement des progrès dignes d'être enregistrés dans le *Cent-Un*, et nous nous plaisons à rendre justice aux mécaniciens et horlogers dont les talens ont contribué au perfectionnement de ces carcasses ; mais qu'est le mérite dans le fini d'une pièce à côté des inventions nouvelles, et dont nous offrons les dessins, planches des métalliques (voyez figures 7, 8, 9, 10 et 11). Ce qui manquait dans ces resorts ou carcasses, c'était d'en pouvoir varier la forme à volonté ; c'était surtout de pouvoir éviter l'épaisseur de la traverse au coin des angles frontaux, inconvénient que l'on rencontre dans les toupets faits avec les carcasses n° 1, 2, 3, 4 et 5, quoique cependant ces modèles soient généralement les plus estimés. Les n° 6 et 7, par la forme cintrée de leurs traverses, ne sauraient au contraire obstruer les angles, attendu qu'ils ne vont pas jusque-là, et les postiches faits avec ces ressorts sont aussi adhérens à la tête, sur le devant, que s'ils étaient faits tout uniment avec un simple tissu, avantage immense, puisque ordinairement, c'est l'épaisseur du fer qui trahit, surtout lorsque le tulle s'est rétréci par l'effet de la transpiration.

Pour une perruque ou un toupet à raie de chair sur le coté, comme il est indiqué au n°. 7, cette forme de métalliques est on ne peut plus convenable: d'abord la raie n'a point à passer sur aucune épaisseur de fer quelconque, et l'épi qui se trouve placé sur la croix de fer, conserve sa forme tout le temps que le toupet est porté. Le n° 8 est un ressort fort commode pour les montures de touffes de femmes; surtout pour des personnes qui n'ont pas assez de cheveux pour supporter les touffes sur peignes, et qui néanmoins sont bien aise que l'on n'aperçoive pas de cordon sur le devant : le même ressort est délicieux pour la monture des coiffures de soirées, aussi, les modistes en font-elles usage depuis l'hiver dernier.

Le n. 9 porte une monture de barbes à articulations ; ce mécanisme est fort commode pour les comédiens dont les mouvemens de la bouche ne doivent jamais être gênés. Cette carcasse, faite en ressort de montre, ou en tole très mince, qui se brise en divers endroits, est d'une exécution facile, et c'est pour cela que nous l'offrons à nos Souscripteurs, dans l'espoir qu'ils pourront, en la faisant exécuter, en tirer un parti avantageux, soit pour théâtre, soit pour travestissemens.

DESCRIPTION DE LA PLANCHE AUX RESSORTS.

N. 1. Métallique simple, toupet à trois ressorts, ou bien perruque métallique ordinaire. Dans la confection d'une perruque, pour éviter que le ressort gêne les oreilles, on peut le tenir un peu court, sauf à faire le bas de la nageoire en ruban garni d'un petit ressort. Ce rapiéçage, quoique d'un coup-d'œil peu flatteur, est ce qu'il y a de plus commode, parce qu'on n'a rien à redouter de la pression du chapeau. Les hommes, à barbe grise surtout, préfèrent l'oreillon ajouté, attendu qu'on peut le descendre aussi bas qu'il le faut pour garnir des joues dont on rase les favoris.

N. 2. Métallique simple, à tempe, toupet à trois ressorts.

N. 3. Métallique simple, traverse en croix, toupet sans ressort.

N. 4. Métallique à tempes, fourche fendue.

N. 5. Metallique à deux lames et à traverse ouverte, toupet à 4 ressorts.

N. 6. Métallique cintré, à fourche fendue, toupet dégagé, à 2 ressorts sur le devant, propre aux hommes qui ont les faces naturellement bien fournies.

N. 7. Autre métallique cintré, à tempe et à fourche fendue, toupet dégagé avec raie de chaie.

N. 8. Ressorts pour touffes, ou coiffures de soirées.

N. 9. Monture de barbes avec menton, attachée derrière la tête.

N. 10. Métallique propre aux finitions, en tulle chevelu.

N. 11. Métallique à tempes, en ressort de montre, propre à la confection des perruques dites métalliques.

Ici les ressorts des tempes ont cela de commode qu'on peut avec des ciseaux un peu forts les couper à la demande des oreillettes, opération qui ne se fait qu'après la pose du ruban de monture, attendu que le ressort se fixe par-dessus.

Avant de terminer le chapitre des métalliques nous croyons devoir prémunir messieurs les Coiffeurs contre les ressorts à trempe sèche, attendu qu'il n'est pas possible d'en modifier la cambrure; ils cassent dans les mains pour peu qu'on les force. Nous ajouterons aussi que les oreillons pleins sont préférables sous certains rapports à ceux évidés, vu qu'on peut les diminuer avec de bons ciseaux, et que d'ailleurs ils sont moins cassants.

Ne souffrez jamais qu'on vous mette deux rivets au centre de la traverse, surtout si elle est étroite, parce que cela affaiblit la bande et lorsqu'on veut ouvrir le toupet elle se brise dans les rivets.

Il est une dernière recommandation que nous croyons encore devoir faire: c'est d'éviter que le derrière des oreillons des ressorts porte sur les apophyses (voyez fig. 9 de la planche aux ressorts, partie osseuse de derrière les oreilles, marquée au n° 10,) indépendamment de la gêne qu'on éprouve lorsque le fer porte sur cette protubérence, on a encore le désagrément d'avoir des montants qui ne plaquent pas bien sur la tête, et puis le toupet n'étant pas parfaitement d'aplomb il offre moins de solidité.

ANATOMIE DE LA TÊTE,

OU

DESCRIPTION DE SES PRINCIPAUX ORGANES.

(Voyez fig. 9 de la planche aux métalliques.)

Dans la tête il y a seize organes principaux que le coiffeur doit connaître parce qu'ils rendent, par leur expression, toutes les nuances du caractère que la nature a imprimé sur la face de chaque individu. Si je dis que tout coiffeur doit connaître ces organes et leurs influences, c'est parce que j'ai la certitude qu'il y a un grand nombre de nuances de physionomies qui passent inaperçues à ceux qui n'ont pas reçu ces instructions préliminaires, et que par conséquent, il y a beaucoup de gens qui se plaignent de n'être pas coiffés selon leur air de visage. Ces organes on les nomme : la *Triangulaire*, muscle qui en se contractant fait baisser la bouche pour pleurer: cet organe contribue à donner de la gravité à la figure ; le *buccinateur*, le *zigomatiger*, le *canm* et l'*incisif*, tous les muscles qui entourent la lèvre supérieure et qui se contractent lorsqu'on rit : le *masseter*, l'os de la *pommette*, l'os *propre*, la bosse *sourcillière*, la bosse *frontale*, la cavité *temporale*, les *pariétaux*, l'*occipital* et les *apophyses* ainsi que les *trapèzes*.

Je ne parlerai point des nombreuses protubérances qui furent découvertes par feu le docteur GAL, l'étude de la cranioscopie est une chose à part et d'ailleurs nous avons consacré trois articles et un tableau à la phrénologie voyez 41, 42 et 43ᵉ livraisons. Ce qui fait l'objet de cet article, ce sont les organes les plus apparents et les plus influents.

Mais comme il pourrait se trouver des élèves qui s'embarrasseraient dans une nomenclature aussi compliquée, je vais me borner à faire la descprition de ceux qui, par leurs formes, font varier à l'infini l'expression des figures et la coupe des têtes.

La bosse sourcillière N. 1, contribue souvent à donner de la dureté à la figure, et toutes les personnes chez qui cet organe est très prononcé ont l'air méchant, triste ou rêveur. Un beau front (bosse frontale n, 2) d'où s'élèvent des masses de cheveux, est ordinairement un signe de génie, mais lors qu'il avance beaucoup, c'est a-dire qu'il approche de la ligne d'opération, il absorbe la figure et donne un air de stupidité. La cavité temporale, N. 7, signe de vieillesse ou de maigreur, dénote aussi chez une personne, lorsqu'elle est bien marquée, peu de force dans l'esprit ; L'os de la pommette N. 6, n'est qu'un signe de maigreur. Le masseter N. 8, quand il n'est pas bien arrondi, rend le visage large d'en bas, alors il repousse la touffe élevée, comme donnant un visage de poire. Les pariétaux, N. 3, quand ils ne s'élèvent pas au-dessus de la bosse frontale, et qu'ils décrivent un fragment de cercle bien régulier, donnent à la tête une forme élégante, surtout si l'occipital, N. 3, qui prend à la hauteur de la ligne sourcillière, et qui descend jusqu'au cou, contribue à achever la formation du demi-cercle décrit sur les têtes bien faites et remarquables par leur régularité.

Je ne saurais trop engager mes confrères à bien apprendre par cœur la nomenclature décrite ici, car autrement, lorsqu'ils auront à faire la description de quelques coiffures, ou qu'ils voudront désigner certaines parties de la tête ou de la figure, ils seront obligés de porter le doigt dessus, afin d'être compris, ce qui est fort pénible et surtout fort ridicule ; car rien ne ressemble plus à un télégraphe qu'un homme qui élève et abaisse les bras en parlant, et qui fait des contorsions pour se faire comprendre des personnes parlant la même langue, que dis-je, professant même l'état de Coiffeur ; car tous les jours je vois jusqu'à des praticiens, des professeuss qui ont l'air de faire des tours de force, tant ils se tordent les bras, en indiquant la direction, la forme et l'emplacement des massses de leurs coiffures, ou bien en décrivant la coupe d'une tête, les traits d'un visage ou bien les proportions d'un corps.

ANNONCES.

Diminution des prix.

ET

PERFECTIONNEMENT

DE LA

BROSSERIE MÉCANIQUE

INVENTÉE PAR CROISAT, BREVETÉ ,
Rue de l'Odéon, N. 33, à Paris.

Plus de métal dans les manches ; le cristal a remplacé le fer-blanc, et les cosmétiques sont à l'abri de toute altération. Du reste, ces brosses sont en bois et quoique à réservoir, l'extérieur est en tout semblable à celles ordinaires, c'est à dire en palissandre, acajou ou en bois de citronier naturel, sans vernis ni peintures.

Les soies sont en si bonne qualité que tel consommateur qui a une de ces brosses pour se nettoyer la tête à l'eau athénienne, n'en a pas besoin d'autre pour son usage ordinaire, attendu que le robinet n'étant pas ouvert, rien n'en peut sortir. Du reste, c'est un moyen de nettoyer la brosse que de la mouiller de temps en temps avec ce spiritueux.

Brosses à tête.

No 1 en bois des îles.	la douzaine.		48 f
2 id.	id.	id.	42
3 id.	id	id.	36

Brosses peintes à tête.

N. 4. id.	id.	id.	30
5. Pour bandeaux.		id.	24

Brosses à Dents et à Ongles.

A dents, en ivoire.	id.	36
Id. en buffle.	id.	21
Id. en os.	id.	18
Brosses à ongle,	id.	21

FABRIQUE DE MÉTALLIQUES

DE GUSTAVE BOUDON.

Rue Saint-Martin, N. 10 A PARIS.

Ces articles confectionnés avec soin et d'une vente courante. sont offerts à des conditions qui ne redoutent aucune concurrence, savoir :

Métalliques à 2 lames, trav. ouvertes 14 f. la d.		
id. 2 lam trav. fendues 12 la douz		
id. 1 lam trav. ouverte		
oreilliers à tempe 10 fr. la douz.		
id. lam. or. temp. trav. simpl.	8	id.
Cintré formant la raie de chair	24	id.
Métalliques pour bonnets de dames	7	id.
id. pour chapeaux.	6	id.

FABRIQUE DE PEIGNES MÉTALLIQUES

A PAPILLOTTES ET AUTRES, DE

PUGET, successeur de M. COIRET,

Rue Saint-Denis.

M. Puget vient de signaler son entrée dans cette fabrique par l'invention du peigne à soutenir le chapeau, et une diminution dans les prix des peignes et fourchettes ordinaires.

Il fait des envois en province et à l'étranger. (Affranchir.)

BRACKMAN, Coiffeur breveté d'invention du **PEIGNE SANS DENTS** pour faciliter la pose des fausses nattes de devant et autres cheveux postiches, invisibles.

Seule fabrique, rue Rameau, 9.

. IMPRIMERIE DE MOESSARD ET JOUSSET, RUE FURSTEMBERG, 8.

1 et 2-Chevelures tressées en réseau,
par Croisat, Professeur de Coiffure.
3-par Olivier, rue du Faub. St. Honoré, 125
LES CENT-UN
On souscrit à la Direction,
Rue de l'Odéon, 33.
A PARIS
4-par Brun. 7-par Goupy, de Grenoble.
5-par Séguy, élève de Croisat.
6-par Laurent, Mbre. de l'Ar. mie. de Coiffure, à Avignon.

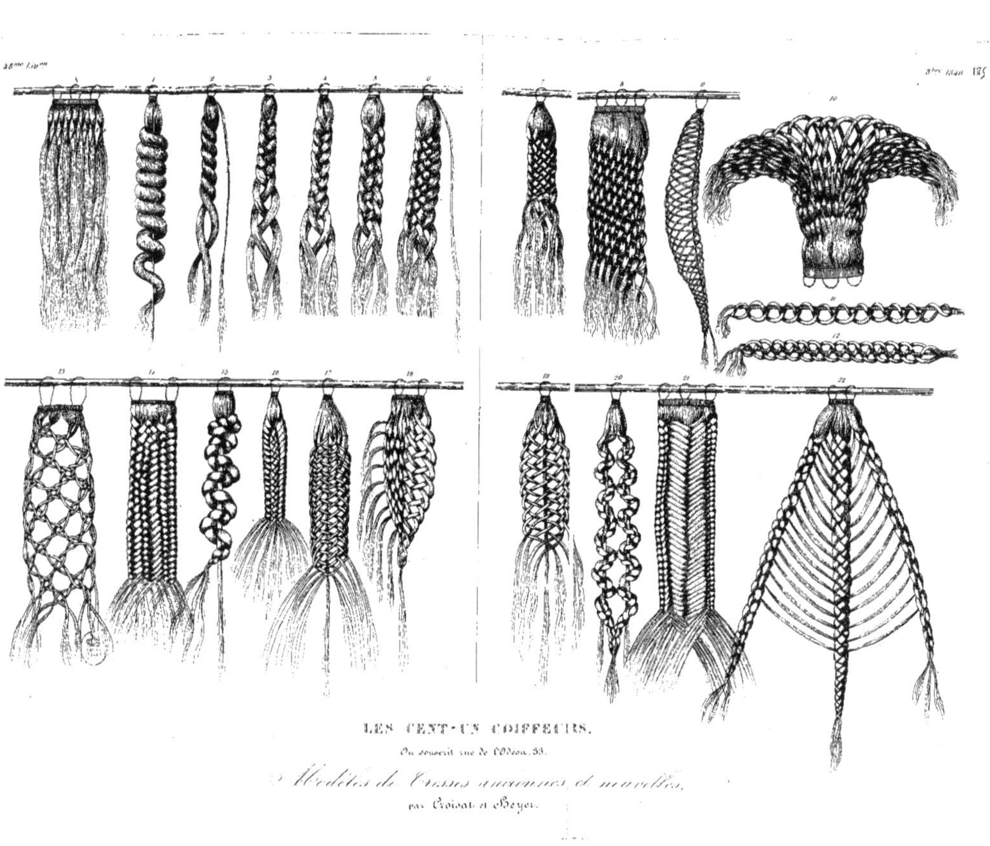

LES CENT-UN COIFFEURS.
On souscrit rue de l'Odéon, 33.
Modèles de Tresses anciennes et nouvelles,
par Croisat et Beyer.

48ᵉ LIVRAISON.

MANIÈRE DE FAIRE LES CORPS DE POMMADE,

Celui qui veut faire le commerce de la pommade, doit savoir épurer parfaitement les suifs, parce que ces cosmétiques ne se conservent long-temps qu'autant que ces matières premières (suif de bœuf, de mouton ou bien de la graisse de porc) ont été bien préparées.

Pour extraire les matières rances de ces corps, il faut, pour les suifs surtout, bien les piler dans un mortier, après, toutefois, les avoir coupées par petits morceaux; les laisser ensuite tremper dans de l'eau claire, pendant un jour, puis, jeter l'eau pour faire fondre la graisse sur un feu moyen. Dans cette opération, il faut avoir le soin de mettre un peu d'eau dans la chaudière, parce qu'autrement la graisse roussirait; il faut aussi écumer la graisse pendant un certain temps, et lorsqu'elle est parfaitement fondue, y jeter un peu de sel marin et de l'alun, après quoi on passe sa fonte dans un tamis ou bien dans un linge.

La graisse étant ainsi dégagée de son écume et des parties de viande qui s'y trouvent ordinairement, on la laisse réfroidir. Dans cet état, comme il se trouve une partie d'eau, la graisse, en se figeant, remonte à la superficie, tandis que les matières rances se précipitent au fond de l'eau.

La graisse une fois réfroidie, on la coupe par tranches, on gratte le dessous desdites tranches avec un couteau, parce qu'il s'y trouve toujours quelques matières malpropres, et ces tranches de graisse refondues au bain marie et sans mélange d'eau, forment ce qu'on appelle du corps de pommade.

Si l'on a l'intention de faire de la pommade superfine, on fait fondre la graisse une deuxième fois, et dans une partie d'eau de rose, parce que c'est le vrai moyen de rendre la graisse incorruptible.

Ce principe s'applique à toutes les graisses, y compris la moelle de bœuf.

Pour faire de la pommade, on fait fondre du corps de pommade au bain marie, dans un vase excessivement propre, et l'on y mêle de l'extrait de pommade DE GRACE pour la parfumer, à moins d'y verser des essences, chose qui ne se fait qu'après avoir retiré le vase du feu, et lorsque la graisse commence à épaissir. Pour cela, il faut verser son parfum goutte à goutte, et battre en même temps la pommade avec une forte spatule, et pour verser la pommade dans les pots, il faut qu'elle soit presque figée. Si l'on veut que la pommade soit ferme, on y mêle au corps de bœuf, partie égale de corps de mouton; si l'on veut qu'elle soit facile à étendre, on mêle partie égale de graisse de porc.

Quant à la moelle de bœuf, elle se coupe ordinairement avec de la panne de porc.

COLORATION DES POMMADES ET DES HUILES.

Pour obtenir une pommade rose, il faut y mêler un peu de poudre rose végétale. Pour la pommade couleur or, c'est du terramérita ou du cursemac que l'on prend, mais ces substances doivent précédemment avoir infusé pen-

(1) Le cinquième et dernier volume contiendra la fin de l'histoire de la Coiffure et du Costume, ainsi qu'un traité de l'Artiste en cheveux avec des planches pour indiquer la manière de faire les bagues, les coliers; ainsi que des sujets allégoriques en cheveux, tels que Chiffres, Gerbes, Fleurs, tombeaux, etc.

dant quelque temps dans de l'huile d'amandes douces. Pour la couleur vanille, on fait un mélange d'or canette et de terramérita ; ce mélange joint à de la poudre de vanille, procure la couleur que l'on donne à la pommade de ce nom.

Pour donner la couleur qui convient le mieux à la pommade au rhum, on prend un peu de rocou broyé à l'huile, ainsi que l'on en trouve chez tous les marchands de couleurs; on broie ladite couleur avec le bout du doigt, sur une lame de couteau, mais ayant soin de tremper souvent son doigt dans de l'huile. Par ce moyen on obtient une huile fortement colorée, dont quelques gouttes suffisent pour teinter ladite pommade.

COLORATION DES ESPRITS.

La teinte vanille s'obtient en faisant infuser du caramel dans l'alcool; le rose se fait avec de l'orseille ou de la cochenille, infusée aussi dans de l'esprit.

Du terramérita et un peu de caramel, le tout infusé dans de l'esprit, donne la couleur or qui sied avec l'odeur d'ambre et le musc. Pour la commodité du parfumeur, il faut avoir des provisions de teintures faites à l'avance, parce que rien n'est plus commode, quand l'on veut faire un parfum quelconque, que de pouvoir colorer, au moyen de quelques gouttes de teinture versées après la filtration de la liqueur.

POMMADE COMMUNE (POUR LE DÉTAIL.)

Panne épurée, ou bien corps de bœuf, de l'un ou de l'autre 2 kilogr.
Essence de citron. . . . . 125 gram.
Coloris, rocou.

POMMADES FINES (TRÈS FONDANTES)

Corps de bœuf. . . . . 1 kil. ou 2 liv.
Pommades superfines de Provence. . . 1   2
Beurre de cacao. 1/2   1

POMMADE POUR RAFRAICHIR LA PEAU, (TENANT LIEU DE COMCOMBRE).

Graisse de veau. . . . . 1/2 kil. ou 1 liv.
Beurre de cacao. . . . . 32 gram.   1 once.
Blanc de baleine. 32   1 once.
Huile d'amandes douces. 250   8 onces.
Coloris au rouge végétal.
Parfum à la rose ou autres.

MANIPULATION

On fait fondre la graisse au bain marie, ensuite on y ajoute le beurre, puis le blanc de baleine et l'huile. Lorsque tout est fondu, on retire le vase du feu et l'on tourne avec la spatule jusqu'à ce que la pommade soit figée.

PHILOCOME, (PREMIÈRE QUALITÉ.)

Beurre de cacao. . . . . 63 gram. ou 2 onc.
Blanc de baleine. 125   4
Huile d'olive fine. . . . . 1 kil.   32

Essence de portugal. . . . . . . 94 gram.   3 onces.
Coloris au rocou.

Ce philocôme, transparent comme une glace, est le plus estimé, parce qu'il est celui qui donne le plus de lustre aux cheveux.

MANIPULATION

Faire dissoudre le beurre au bain marie et dans un vase de terre vernic ; concasser le blanc de baleine et le mettre ensuite à fondre. Après que ce dernier est fondu, on verse l'huile peu à peu dans le vase avant que ça ne commence à bouillir. Pour colorer, on écrase son rocou sur une lame de couteau, on parfume et l'on tourne sans interruption jusqu'à ce que la matière soit congelée.

PHILOCOME ORDINAIRE.

Graisse de porc épurée. . . . . . . 2 kil. ou 4 liv.
Essence de Portugal. . . . . . . 375 gram.   6 onc.
Jaune de crône en poudre. . . . 8 gram.   2 gros.
Huile d'amandes douces. . . . . 1 kil.   2 liv.

MANIPULATION

On fait dissoudre la graisse au bain marie et l'on retire la casserole du feu, on ajoute l'huile, on colore, on passe le liquide dans un linge ou un tamis fin, pendant que c'est chaud ; on tourne avec une spatule pour bien incorporer les substances ensemble, et lorsque le philocôme commence à acquérir de la consistance, l'on parfume ; on verse à froid.

MOELLE DE BOEUF au RHUM.

La moelle de bœuf qui jouit d'une si grande réputation et qui se vend fort cher au client, est un des cosmétiques les plus avantageux à tenir, et un des plus faciles à fabriquer. Voici la formule :

Moelle de bœuf épurée. . . . . 1/2 kil. ou 1 liv.
Rhum de la Jamaïque. . . . . 94 gram.   3 onc.
Coloris au rocou.

MANIPULATION

La moelle une fois fondue au bain marie, on la passe au tamis ou au travers d'un linge, on la colore assez fortement, parce que le rhum qui vient ensuite la pâlit.

Nous ferons observer que le rhum doit être incorporé goutte à goutte, et qu'il faut battre jusqu'à ce que la pommade soit entièrement refroidie, parce qu'autrement l'esprit se détacherait de la moelle.

Lorsqu'on veut faire de la pommade au rhum, à bon marché, on prend, au lieu de moelle, du corps de bœuf ou de la panne.

MOELLE DE BOEUF au QUINQUINA, (pour la crue des cheveux.

Moelle de bœuf. . . . . . . , 1/2 kil. ou 1 liv.
Poudre de quinquina. . . . . 125 gram.   4 gros.
Essence de girofle. . . . . . .   6 gouttes.

MANIPULATION

Faire fondre la moelle au bain marie, la retirer du feu, y incorporer la poudre de quinquina en battant toujours; parfumer, passer dans un linge un peu clair, ne cesser de battre que lorsque la pommade est entièrement réfroidie, parce qu'autrement il se formerait un dépôt.

POMMADE ANTI-ALOPÉCIQUE DE DUPUYTREN.

    Poudre de cantharides. . . . . 4 gram. ou 1 gros.
    Alcool. 32   1 once.

Faites macérer et filtrez.

Prenez ensuite:

    Dix parties de la teinture ci-dessus,
    Neuf parties d'axonge,

Mêlez à froid dans un mortier de marbre et faites pommade suivant l'art.

Dupuytren prescrivait cette pommade comme moyen d'empêcher la chute des cheveux et de favoriser leur répullulation chez les sujets alopéciques.

POMMADE ANTI-ALOPÉCIQUE

du docteur SCHNEIDER d'Allemagne.

Suc de citron récemment exprimé	℥ j
Extrait de quinquina	℥ jj
Moelle de bœuf.	℥ j
Teinture de cantharides	℥ j
Huile de cèdre.	Ɖ j
Huile de bergamottes, gouttes.	X

Faites pommade selon l'art.

Cette pommade ressemble, comme on le voit, à la précédente, sous le rapport de son action; elle est même beaucoup plus excitante que celle de Dupuytren, ce qui en rend l'usage plus dangereux dans le plus grand nombre des cas.

EAU ATHÉNIENNE (POUR DÉGRAISSER LES CHEVEUX ET ENLEVER LES PELLICULES DE LA TÊTE.)

Esprit de vin, à 33 degrés.	1/2 kil. 1 litre.
Eau distillée.	250 gram.
Essence de Portugal.	31 1/2 1 once.
Essence de girofle.	8 gouttes
Néroly.	6
Extrait d'ambre.	6
Coloris au caramel.	
Deux jaunes d'œuf.	

MANIPULATION.

On casse les œufs pour en extraire les jaunes, que l'on délaye dans une tasse avec deux onces d'eau. A cette liqueur jaune on ajoute, petit à petit, deux onces d'esprit; ensuite l'on verse le tout dans le vase qui contient l'esprit de vin, on y ajoute ensuite les essences et on laisse infuser deux jours. Pendant cet intervalle on agite le vase cinq ou six fois, et ce n'est qu'au moment de filtrer au papier qu'on y ajoute les six onces d'eau nécessaire pour réduire la force de l'esprit.

Les personnes qui ont un pèse-liqueur peuvent l'utiliser dans cette opération, parce qu'il est un degré convenable pour les eaux qui servent à laver la tête : ce degré c'est celui de 27 à 28.

EAU DE COLOGNE SUPERFINE,

	Essence de bergamotte	63 gram. ou 2 onces.
id.	De citron	63	2
id.	De Portugal	63	2
	Néroly	2	1/2 gros.
	Extrait de jasmin	51	1/2	1 once.
	Teinture de benjoin	31	1/2	1
	Eau de fleur d'orange double	375	6
	Esprit de vin à 33 degrés, rectifié		3 litres.
	Quelques gouttes d'ambre et de musc.		

OPÉRATION

On met d'abord à dissoudre les essences ainsi que les extraits dans de l'esprit de vin, pendant deux ou trois jours, on ajoute l'eau de fleur d'orange, et, au moment de verser dans le filtre, on mêle à l'infusion une demi-once de noir d'ivoire, parce que cela donne une eau plus limpide.

EAU DE COLOGNE, (SECONDE QUALITÉ).

	Essence de lavande	31 gram. 1/2 ou 1 once.
id.	De Portugal	id.	id.	id.
	Teinture de benjoin	id.	id.	id.
	Esprit de vin		3 litres.
	Eau distillée		1

Laissez infuser deux jours et filtrez.

EAU-DE-VIE DE LAVANDE (AMBRÉE)

	Essence de bergamotte	8 gram. ou 2 gros.
id.	De citron	id.	id.
	Essence de lavande fine	id.	id. onces.
	Teinture de benjoin	id.	id.
	Extrait d'ambre	31	1/2	1
	Extrait de musc	4	1 gros.
	Teinture de Maréchal	125	4 onces.
	Esprit de vin		3 litres.

Laissez infuser 8 jours et filtrez au papier.

EAU-DE-VIE DE LAVANDE (ORDINAIRE)

	Essence de lavande	63 gram. ou 2 onces.
id.	De benjoin	id.	2
id.	De bergamotte	16	4 gros.
id.	De citron	id.	4
	Esprit de vin à 33 degrés		3 litres.
	Eau distillée		1/2 litre.

Laissez infuser 4 jours et filtrez.

GELEÉ BRILLANTINE POUR LISSER LES CHEVEUX

Telle que je l'inventai en 1830 et que je la vendis seul dans Paris jusqu'en 1835.

	Pépins de coin	125 gram. ou 4 onces.
	Eau filtrée	4 litres.

Faire bouillir à petit feu pendant deux heures, passer dans un linge et y ajouter le parfum dissout précédemment, pour la quantité ci-dessus, dans demi-litre d'esprit de vin. Toutes les essences s'allient parfaitement avec le coin, sauf le Portugal.

Dans cette bandeauline, si on veut mettre moins d'esprit, il faut ajouter à la cuite une once d'alun.

Cette gelée ne comporte pas la couleur rose.

BANDEAULINE TRANSPARENTE ne DESSÈCHANT PAS LES CHEVEUX.

Mousse perlée, ou mousse d'Islande. . 125	4 onces.
Eau filtrée.	4 litres.
Alun. 63	2 onces.
Portugal, ou autres odeurs. 63	2

MANIPULATION

On met tremper la mousse dans de l'eau pendant un jour, ensuite on la trie, c'est-à-dire qu'on en extrait les mousses noires ou terreuses ; on lave la plus belle à plusieurs eaux, avec le même soin que si c'était de la salade à manger, après quoi on la fait bouillir pendant deux heures à petit feu, on la passe et on parfume à froid, sans esprit.

Une pointe de carmin fin produit un effet charmant avec ce fixateur.

BANDEAULINE COMMUNE POUR LISSER LES CHEVEUX.

Graine de lin. . . . . 1/2 kil.	1 liv.
Eau filtrée.	4 litres.

Faire bouillir et passer dans un linge, ajouter un parfum spiritueux et tinter plutôt en foncé qu'en clair.

ESSENCE DE SAVON POUR LA BARBE,

Décoction de guimauve.	1 litre.
Savon vrai marseille. . . . . . . 1 kil. 1/2	3 liv.
Esprit de vin	3 litres.
Potasse perlasse . . . . 31 gram. 1/2	1 once.

OPÉRATION

On fait d'abord sa décoction de guimauve bien grasse, ensuite on coupe son savon par tranches pour les faire bouillir et dissoudre dans la guimauve; on tourne constamment pour que le savon ne se brûle pas, et avec la spatule on a soin d'écraser et de réduire en pâte tous les petits morceaux de savon, et au moment où cela ne forme plus qu'une bouillie épaisse, on retire la casserole du feu, et l'on y verse l'esprit de vin, qui met à l'instant le savon en dissolution; la potasse est jetée dans le liquide, ainsi que le parfum, qui d'ordinaire est de l'essence d'amandes amères.

Nous ferons observer que l'essence d'amandes contenant un acide excessivement fort, on doit en user avec beaucoup de modération, parce que cela cuit sur la figure. Nous ajouterons que l'essence de savon ayant généralement le défaut de dessécher la peau, il est indispensable d'avoir un pèse-liqueur pour la réduire à 24 au plus.

CRÊME D'AMANDE POUR LA BARBE ET LES MAINS.

Graisse de porc. . . . . 2 kil. ou 4 liv.
Lessive de potasse. 1 2

MANIPULATION

On met fondre la graisse dans une petite chaudière marquetée, ou bien dans une marmite de terre vernie. Pendant que la graisse fond, on sépare la lessive en trois parties égales pour la réduire avec de l'eau et au moyen d'un pèse-alcali, une partie à 10 degrés, une à 15 degrés et une à 25 degrés.

Avant que la graisse ne soit entièrement fondue, on y introduit la partie de lessive à 10 degrés, on tourne la bouillie. Au bout d'un certain temps, trente minutes environ, ladite bouillie devenant très-épaisse, il devient nécessaire d'y introduire, par petite quantité, la partie de lessive à 15 degrés. La pâte, en cuisant, épaissit encore, ce qui ne dispense pas de tourner avec la spatule. Il devient nécessaire, au bout d'une heure et demie de cuite, d'y introduire par degré la partie de lessive à 25. La bouillie, alors, devient excessivement claire; c'est à ne pas croire que cela pourra former la crème d'amande connue dans le commerce; mais en la laissant encore cuire un peu de temps, une heure, plus ou moins, et en maintenant son feu à un degré raisonnable, le savon épaissit et devient ce que l'on est convenu d'appeler Crême de savon.

Cette Crême, qui gagne beaucoup à être battue, soit à la spatule, soit au pilon, dans un mortier, est très-belle, blanche, parfumée à l'amande amère; coloriée au mortier, avec du vermillon, cela forme un très-beau savon onctueux.

COL CRÉAM, CRÈME FROIDE POUR APAISER LE FEU DU RASOIR.

Cire vierge. . . . . . . , . 31 gr. 1/2 ou 1 once.
Blanc de Baleine. . . . . . . id. id.
Huile d'amandes douces. . . . . 250 8 once.s
Eau de rose. . . . . id. id.

On met à fondre la cire vierge dans un vase de terre vernie, consacré à cet effet; ce vase placé dans un bain marie, reçoit, en second lieu, le blanc de baleine; lorsque cette seconde substance est fondue, on verse l'huile d'amande douce par petites quantités, et on l'incorpore au moyen de la spatule qui ne cesse de tourner, et toujours du même côté, observation fort importante, car de changer de côté, ce serait perdre la marchandise.

Lorsque l'huile est toute incorporée aux deux substances fermes, on retire le vase du feu, on verse goutte à goutte l'eau de rose d'une main et l'on bat de l'autre : cette opération est pénible parce qu'elle est longue. Je recommande d'y mettre tout le soin, la précision, la vigueur et la propreté desirables, autrement l'eau ne s'incorporerait pas bien, et l'opération serait manquée.

Cette Crême est justement recherchée des personnes qui ont la peau de la figure irritée, il faut qu'elle suinte un peu l'eau de rose, mais très-peu, car si une grande partie s'en détachait, la crème deviendrait dure et ne rafraîchirait pas.

Parfumer à l'essence de rose.

FIN DU QUATRIÈME VOLUME.

TABLE DES MATIÈRES

CONTENUES DANS LE QUATRIÈME VOLUME.

IMPRIMERIE DE MOESSARD ET JOUSSET, RUE FURSTEMBERG, 8.

NOMS DES ARTISTES

QUI ONT FOURNI DES COIFFURES POUR PARAÎTRE DANS

LE QUATRIÈME VOLUME DES CENT-UN.

TRENTE-SEPTIÈME LIVRAISON.

CROISAT.
ROUSSEL, rue d'Anjou, 5.
MICHEL-ADOLPHE, de l'académie, rue de la
    Feuillade, 4.
LARIVIÈRE, rue Montpensier, 3.
LAURENT, de Lyon.
HUOT, à Dax.
(Académie de Coiffure.)

TRENTE-HUITIÈME LIVRAISON.

CROISAT, pour les Perruques.
Th.......... pour des Coiffures.

TRENTE-NEUVIÈME LIVRAISON.

MARIUS FRANCO.
HIPPOLYTE PIGON, rue Bourtibourg, 4.
MICHEL-ADOLPHE, membre actif de l'Ac.
CHEZER, rue du faubourg Saint-Honoré, .
BAROUSSE, de Bordeaux.
SUPLANE, à Dax.
LAURENT, d'Avignon, Membre de l'Ac.
.... AUBERT.
CROISAT.

QUARANTIÈME LIVRAISON.

CROISAT.

QUARANTE-UNIÈME LIVRAISON.

CROISAT.
TRUELLE, Secret. de l'Ac.
SEGUX, élève de l'acad.
GALLE et CROISAT.

QUARANTE-DEUXIÈME LIVRAISON.

CROISAT.
GAUDEREAU, rue Neuve-St-Eustache.
HEZER.
GIBREAU fils.
SACEL, rue du Faubourg St-Denis.

QUARANTE-TROISIÈME LIVRAISON.

CROISAT.
FLASMAN.

QUARANTE-QUATRIÈME LIVRAISON.

MICHEL-ADOLPHE, de l'académie de coif.
DENIZOT, agrégé à l'académie.
PACRIOT, rue de l'Arbre-Sec, 7.
GAUDEREAU, rue Neuve-St-Eustache, à Paris.
HYPPOLITE PINON.
CROISAT.

QUARANTE-CINQUIÈME LIVRAISON.

CROISAT.
PUGET, rue des Francs-Bourgeois (Marais).
ELIE, rue Mouffetard.

QUARANTE-SIXIÈME LIVRAISON.

CROISAT.
MORIBUX, rue St-Paul, Louis.

QUARANTE-SEPTIÈME LIVRAISON.

CROISAT.

QUARANTE-HUITIÈME LIVRAISON.

CROISAT.
HEYER.
SEGUY.
LAURENT d'Avignon.
BRUN et COURT de Grenoble.

NOMS DES ÉCRIVAINS

QUI FIGURENT DANS LE TROISIÈME VOLUME.

ROULEAU de Poitiers, membre de l'Aca-
    démie de Coiffure.
GAL.
FOSSATI.
BOUCHERON.
CROISAT.

Paris.—Imprimerie de MORRARD, rue Furstenberg, n. 6.